LES RÈGLES

DE LA

PERSPECTIVE PRATIQUE,

MISE A LA PORTÉE DE TOUTÉS LES INTELLIGENCES,

ET INDISPENSABLE POUR L'ÉTUDE DU DESSIN EN GÉNÉRAL,

dédié

A SON ÉLÈVE DE PERSPECTIVE ET AMI

M. F.-A. PERNOT,

Ancien professeur de dessin des Pages;

PAR THÉNOT,

Peintre, professeur de dessin et de perspective ; auteur de divers Traités de dessin et peinture,
premier candidat pour la chaire de professeur de perspective à l'école royale des Beaux-Arts,
section de l'Institut, etc., etc.

> La perspective est le timon de la peinture.
> LÉONARD DE VINCI.
>
> Elle rend autant de services au peintre que la
> boussole au pilote. HAGEDORN.

A PARIS,

CHEZ L'AUTEUR, QUAI MALAQUAIS, 3.

ET CHEZ LES PRINCIPAUX LIBRAIRES, ÉDITEURS ET MARCHANDS D'ESTAMPES
DE PARIS ET DES DÉPARTEMENTS.

1839.

IMPRIMERIE DE BOURGOGNE ET MARTINET, RUE JACOB, 30.

LES RÈGLES

DE LA

PERSPECTIVE PRATIQUE.

LES RÈGLES

DE LA

PERSPECTIVE PRATIQUE,

MISE A LA PORTÉE DE TOUTES LES INTELLIGENCES,

ET INDISPENSABLE POUR L'ÉTUDE DU DESSIN EN GÉNÉRAL,

DÉDIÉ

A SON ÉLÈVE DE PERSPECTIVE ET AMI

M. P.-A. PRENOT,

Ancien professeur de dessin des Pages;

PAR THÉNOT,

Peintre, professeur de dessin et de perspective; auteur de divers Traités de dessin et peinture;
nommé premier candidat pour la chaire de professeur de perspective à l'école royale des Beaux Arts,
section de l'Institut, etc., etc.

La perspective est le timon de la peinture.
LÉONARD DE VINCI.

Elle rend autant de service au peintre que la boussole au pilote. HAGEDORN.

A PARIS,

CHEZ L'AUTEUR, QUAI MALAQUAIS, 3.

ET CHEZ LES PRINCIPAUX LIBRAIRES, ÉDITEURS ET MARCHANDS D'ESTAMPES

DE PARIS ET DES DÉPARTEMENTS.

1839.

PARIS. — IMPRIMERIE DE BOURGOGNE ET MARTINET,
rue Jacob, 30.

LES RÈGLES

DE LA

PERSPECTIVE PRATIQUE.

La perspective est indispensable à toute personne qui dessine; car non seulement elle enseigne à l'œil à voir juste, mais encore elle sert à représenter, par des opérations simples, la position, l'étendue et la forme exacte apparente de tous les objets, d'après la place qu'ils occupent. Elle détermine aussi la direction, la forme et la juste limite des ombres portées et de l'ombre naturelle; plus, la réflexion ou répétition de tout ce qui peut se mirer sur la surface des eaux calmes.

La perspective est la grammaire du dessin. On sentira que lorsqu'on possède ces connaissances, on doit marcher avec assurance et arriver promptement au but que l'on s'est proposé.

La perspective se compose de deux parties : l'une, d'opération, s'exécute avec la règle et le compas; l'autre est toute de sentiment : c'est le résultat du savoir et de l'expérience. Lorsqu'on possède la première, on doit arriver naturellement à connaître la seconde; du reste, pour faciliter cette étude qui est la plus importante, puisque c'est elle qui constitue le bon, le vrai dessinateur, j'ai créé et publié un *Cours complet de dessin linéaire et perspective*, que j'ai nommé *Dessin morphographique* (ou l'art de retracer les formes apparentes des corps solides), afin de la distinguer des méthodes de routine qui sont encore trop usitées, et qu'il serait cependant urgent de faire disparaître, car elles sont pernicieuses, faisant perdre trop de temps aux élèves et ne donnant que des résultats incertains.

La perspective peut encore être considérée de deux autres manières : composer un tableau ou dessin, et dessiner d'après nature. Pour composer il faut être sûr de la forme des objets que l'on veut créer, connaître leurs rapports entre eux, et savoir les disposer le plus avantageusement possible. Mais pour dessi

1

ner d'après nature il ne s'agit que de savoir copier ce qui se trouve devant soi, exécutant toutefois par raisonnement et principe; pour cela les règles sont très simples, les opérations faciles; encore peut-on s'aider d'un moyen abréviatif qui fait gagner beaucoup de temps et donne de suite un résultat.

Les professeurs de l'Académie ont eux-mêmes prouvé l'importance qu'ils attachent à cette science, en décidant qu'à l'avenir on ne pourrait être admis, même au premier concours d'esquisses pour le grand prix, sans avoir préalablement obtenu une mention quelconque dans un concours de perspective. On ne peut qu'applaudir à cette mesure qui contraindra les élèves à étudier une science qui leur est si nécessaire, et dont la plupart ignorent les premiers élémens. S'ils savaient du moins que de peines ils s'éviteraient par cette étude, que de temps ils gagneraient! car les progrès sont bien plus rapides lorsqu'on se rend compte de tout; quand on sait que cette ligne, cet édifice doit être dans telle direction; que sa profondeur ne doit pas excéder tel endroit; que ces figures humaines ou ces divers objets ne doivent pas dépasser telle hauteur d'après le plan où ils se trouvent, etc., etc.

Depuis vingt ans j'ai consacré tout mon temps à améliorer l'étude et la pratique de la perspective, d'abord par les cours nombreux que j'ai faits, puis par mes rapports fréquents avec les artistes, soit pour leur expliquer les principes et opérations qu'il leur était nécessaire de connaître, soit en traçant dans leurs tableaux les objets architecturaux et pittoresques qu'ils voulaient représenter; ce travail surtout m'a révélé la pratique la plus prompte et la plus simple, et m'a initié aux besoins fréquents que comporte chaque différent genre de peinture; mais il ne suffit pas d'améliorer, il faut encore faire jouir de ses découvertes ceux à qui elles peuvent être utiles; cette partie qui semble la plus facile est cependant celle qui m'a présenté le plus de difficultés; car ce n'est qu'à force de persévérance et abreuvé d'ennuis de toute espèce, que je suis arrivé au but que je m'étais proposé. L'immense succès que j'obtiens, je le dois à mon travail seul; les hommes chargés par le pouvoir de décerner les récompenses et de protéger ceux qui sont utiles au pays ne m'ont pas offert jusqu'à ce jour les encouragements que je crois avoir mérités; mais, qu'ils s'occupent ou ne s'occupent pas de moi, je poursuivrai aussi loin que la Providence me le permettra l'œuvre d'amélioration de la pratique de la perspective et particulièrement de l'*enseignement du dessin*. Je veux rendre populaire ce langage commun à toutes les nations, si nécessaire aux diverses classes de la société, et qui doit, par cette raison, entrer en première ligne dans l'instruction des peuples.

A part les élèves et les gens du monde, plus de dix-huit cents artistes et professeurs ont suivi mes leçons, je puis citer parmi ceux qui ont le plus obtenu les suffrages du public : MM. Amiel, Atoch, Aubry-Lecomte, Auvray, Badin, Bardel, Bazin, Berger, *professeur de perspective en Russie*, J. Berger, *directeur de l'Académie de Cambrai*, Bertin, Biard, Blanchard, Bodinier, Boilly, Bonnier, *fondateur d'une école de perspective à Lille*, Bouquet, Bourgeois, Brisset, Brune, Caron, Casatti, Chasselat, Chatillon, Ciceri, Corbillet, *Auguste* Couder (*de l'Institut*). Debacq, Debez, Demahis, Demetz, Duchesne, Ducornet, Dupré, Dupuis, Durupt, Elshoëct, Enfantin, Etex, Fauchery, Fleury, Fontallard, Franquelin, Gassies, Gavarni, Girard, Giraud, Girault-de-Prangey, Godard, Grévedon, Guiaud, Guyot, Hesse, Hollier, Holfeld, Hussenot, *fondateur d'une école de perspective à Metz*, Husson, Joly, Jourdy, Ladurner, *peintre de l'empereur de Russie*, Lanté, Lapito, Latil, Lecoq, Lecurieux, Lefranc, Lepaulle, Léopold-Robert, Lepoittevin, *Ax.* et *Léop.* Leprince, Lequeutre, Lequeux, Levicomte, Longuet, Maille, Marigny, Marquet, Marquis, Massé, Mauzaisse, Mielle, Monfort, Monvoisin, Mozin, Noel, Pernot, Prévost, Pierron, Raffort, Raverat, Régnier, Revel, Robert-Fleury, Schmitz, Schopin, Sigalon, Steuben, Tanneur, Tripier-le-Franc, Tumeloup, Van Oss, Vernet, Vidal, Villeneuve, Volpelière, Wachmut, Watelet, Wattier, Werner, etc., etc.

J'ai fait et publié sur la perspective les ouvrages suivants : 1° en 1827, *Essai de perspective pratique*, un vol. in-8° de 48 planches, avec texte: il est *épuisé;* il en a été fait une traduction en 1834 à New-York, intitulée : *Practical perspective, for the use of students translated from the french of J.-P. Thénot by one of his pupils;* 2° en 1829, *Cours de perspective pratique pour rectifier les compositions et dessins d'après nature*, un vol. in-4° de 66 planches avec texte : il est épuisé et se rencontre rarement dans le commerce; 3° en 1834, *Traité de perspective pratique pour dessiner d'après nature*, un vol. in-8° de 24 planches, avec texte explicatif; il a été traduit à Londres sous le titre de : *A complete scientific and popular treatisse upon perspective, with the theories of reflection and Schodows; by J.-P. Thénot; London*, 1836. Il est augmenté de l'histoire de la perspective, et d'éloge qui place ma méthode au-dessus de celles qui lui sont antérieures, par M. *A. W. Hakewill*, membre de la Société d'architecture de Londres. Une lettre de Berlin m'annonce que prochainement il paraîtra une édition de cet ouvrage en allemand; 4° en 1838, *Principes de perspective pratique*, à la portée de tout le monde, et devant être connue de toutes les personnes qui dessinent, un vol. de 16 planches, avec texte explicatif.

M. Schnorr, premier peintre de l'empereur d'Autriche, professe ma méthode à l'Académie impériale de Vienne, etc.

Dans quelques années je publierai un dernier travail sur la perspective; il réunira tous les exemples qui peuvent se rencontrer dans la pratique des beaux-arts. Je prendrai mes modèles, pour le bien et le mal, dans les tableaux anciens et modernes, et dans les vues et monuments connus; à part des opérations, je traiterai de la composition de tous les divers genres de peinture, histoire, portrait, paysage, genre, marine, intérieur, fleurs, etc., etc.

Comme préface, je ferai le récit des entraves et injustices qu'un artiste consciencieux peut rencontrer dans sa route. Mon but sera de combattre ce qui est vicieux et de faire servir mon expérience à améliorer les ennuis qu'éprouveront dans leur carrière ceux qui viendront après moi.

THÉNOT.

PREMIÈRE PLANCHE.

Des objets nécessaires à l'étude de la perspective.

Lorsqu'on étudie le dessin, on doit tout représenter à vue d'œil et sans le secours de la règle et du compas; mais pour faire des études d'opérations de perspective, on se sert de plusieurs instruments dont voici le nom et la description.

Il faut une *règle droite* et une *équerre* bien juste.

Pour s'assurer de la bonté de l'équerre, on plie une feuille de papier en deux, puis on la replie encore en deux, mais de manière que la ligne droite formée par le premier pli se trouve repliée sur elle-même et se recouvre parfaitement. Ce papier ainsi plié forme une équerre parfaite.

La règle et l'équerre doivent être très minces, ce qui les empêche de se contourner, de se déformer.

Le *compas* doit avoir plusieurs branches de rechange; l'une est semblable à la branche immobile, on prend avec elle toutes les petites mesures; une autre, et c'est la plus utile, contient un crayon, et sert à tracer tous les cercles et arcs de cercle possibles; puis une troisième qu'on appelle branche tire-ligne : son emploi est de passer les figures à l'encre. Il y a de plus une grande branche qu'on appelle branche de rallonge; lorsqu'on a de très grands cercles à faire, on la place entre le compas et les branches de rechange, ce qui augmente de beaucoup la grandeur du compas.

Il faut un morceau de *gomme élastique* pour effacer les faux traits; un *canif* qui coupe bien, et un *crayon de mine de plomb*, ligne n° 3, n'importe de quelle fabrique, pourvu qu'il ait un peu de dureté et qu'il ne s'y trouve pas de pierrailles mélangées.

Un des objets les plus importants à se procurer est un *preneur d'angles*. Il est formé par deux règles de même longueur et de même largeur, fixées ensemble à l'une de leurs extrémités par une vis qui leur permet de s'ouvrir et de se fermer à volonté, et par conséquent de former tous les angles possibles.

La figure 13 représente en petit un preneur d'angles. Chacun des côtés doit avoir de six à huit pouces de longueur sur un pouce de large, et être très mince.

Pour passer à l'étude perspective des fabriques et des divers objets, il est de toute nécessité de connaître les définitions des figures les plus usitées.

On appelle *solide* ou *corps* tout ce qui réunit les trois dimensions de l'étendue : largeur, hauteur et longueur.

Les solides sont formés par des surfaces.

On nomme *surface* tout ce qui a longueur et largeur, sans hauteur ou épaisseur.

Les surfaces, à leur tour, sont formées par des lignes, et les lignes par des points.

GÉOMÉTRIE. — DÉFINITIONS.

Du point.

Fig. 1. Le *point* n'a ni longueur, ni largeur, ni épaisseur.

Pour désigner les points et ne pas les confondre, on place près de chacun d'eux une lettre quelconque; ainsi on dit : le point A , le point M , etc.

De la ligne.

Fig. 2. La *ligne* est une longueur sans largeur ni épaisseur : ses extrémités s'appellent *points*. On appelle aussi *point* l'endroit où deux lignes se rencontrent.

Les lignes se désignent par deux lettres comme étant terminées par deux points. On dit : la ligne AB, la ligne AC, la ligne DE, etc., etc.

Il y a plusieurs sortes de lignes; savoir :

Fig. 2. La *ligne droite*, elle est la plus courte distance d'un point à un autre. Fig. 3. La *ligne brisée* est composée de lignes droites. Fig. 4. La *ligne courbe* n'est ni droite ni composée de lignes droites. Fig. 5. La *ligne mixte* est composée de droites et de courbes.

Fig. 6. On appelle *lignes parallèles* des lignes placées dans la même direction, qui conservent toujours le même espace entre elles, et conséquemment ne peuvent jamais se rencontrer.

Fig. 7. La *ligne verticale* est parallèle à un fil aplomb.

Des angles.

Un *angle* est l'espace indéterminé qui se trouve entre deux lignes qui se coupent ou qui se joignent en un point. Le point de rencontre est le *sommet de l'angle*, et les lignes qui le forment en sont les *côtés*. *L'ouverture de l'angle* est l'espace contenu entre les côtés de l'angle.

Fig. 8 et 9. La lettre placée au sommet de l'angle sert à le dénommer; ainsi on dirait : l'angle A, l'angle B; mais lorsque plusieurs angles se touchent au sommet, on les désigne par trois lettres, en ayant soin d'énoncer la lettre du sommet entre les deux autres; ainsi on dit : Fig. 7, l'angle BOC; l'angle COA.

Fig. 8 et 9. La grandeur de l'angle ne dépend pas de la lon-

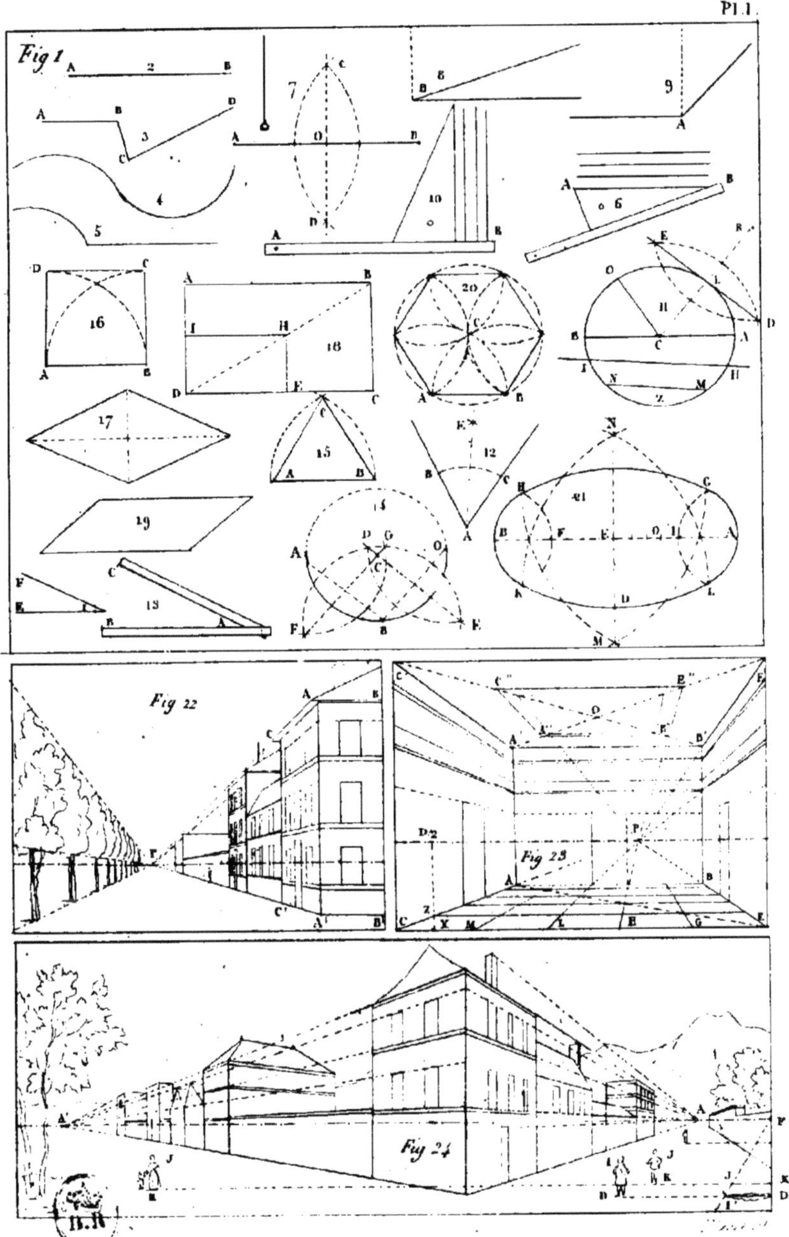

Fig 1
Fig 22
Fig 23
Fig 24

gueur de ses côtés, mais de leur écartement ; exemple : l'angle A est plus grand que l'angle B.

Il y a plusieurs sortes d'angles ; savoir : Fig. 7. L'*angle droit;* il est formé par deux lignes perpendiculaires l'une à l'autre. Une ligne est perpendiculaire à une autre lorsqu'elle la rencontre sans pencher plus d'un côté que de l'autre. La perpendiculaire est donc le plus court chemin d'un point à une ligne. Tous les angles droits sont égaux.

Fig. 8. L'*angle aigu* est moins ouvert que le droit.

Fig. 9. L'*angle obtus* est plus ouvert que le droit.

Deux angles sont égaux quand ils ont la même ouverture.

Remarque. Il ne faut pas confondre *perpendiculaire* avec *verticale*, parce qu'une ligne ne peut être perpendiculaire que lorsqu'une autre ligne fait angle droit avec elle, tandis que la verticale n'a pas besoin d'autre ligne. Car dès qu'une ligne est parallèle à un fil tendu à l'extrémité duquel on a suspendu un plomb, elle est verticale, etc. Toutes les verticales sont parallèles.

Toute ligne qui fait angle droit avec une verticale est une *ligne placée horizontalement.*

Des surfaces.

Les surfaces sont formées par des lignes.

Surface plane : on peut y appliquer une règle en tous sens. Le *plan* est une surface plane.

Toute surface qui n'est ni plane ni composée de surfaces planes est une *surface courbe.*

Figure rectiligne ou polygone : nom général donné aux surfaces terminées par des lignes droites.

Le polygone de trois côtés est le plus simple de tous, il s'appelle *triangle;* celui de quatre côtés s'appelle *quadrilatère;* celui de cinq, *pentagone;* celui de six, *hexagone;* celui de huit, *octogone,* etc.

Parmi les quadrilatères, on distingue : le *carré,* le *losange,* le *rectangle,* le *parallélogramme.*

Fig. 16. Le *carré* a ses côtés égaux et ses angles droits.
Fig. 17. Le *losange* a les côtés égaux sans avoir les angles droits.
Fig. 18. Le *rectangle* a les côtés opposés égaux et les angles droits. Fig. 19. Le *parallélogramme* ou *rhombe* a les côtés opposés égaux et parallèles, sans avoir les angles droits.

Fig. 16, 17 et 18. La *diagonale* est une ligne qui joint les sommets de deux angles non adjacents.

Du cercle.

Fig. 11. Le *cercle* est une surface limitée par une ligne courbe, nommée *circonférence du cercle*; et la *circonférence du cercle* est une ligne courbe dont tous les points sont également distants d'un point intérieur qu'on appelle *centre*.

Le *rayon* est une ligne droite menée du centre à la circonférence, tels que CA, CB, CO, etc. Tous les rayons d'un même cercle sont égaux.

Le *diamètre* est une ligne droite qui, passant par le centre, se termine à deux points opposés de la circonférence, comme AB, et la divise en deux parties égales. Tous les diamètres d'un même cercle sont égaux et doubles des rayons.

L'*arc de cercle* est une portion de la circonférence, comme MZN; et la *corde* est une ligne droite MN qui joint les extrémités de l'arc. Le diamètre est la plus grande corde qu'on puisse mener dans un cercle.

La *sécante* est une ligne droite qui traverse le cercle et coupe la circonférence en deux points, comme HI.

La *tangente* est une ligne droite hors du cercle, et qui ne peut toucher la circonférence qu'en un seul point L, qu'on appelle *point de contact*.

Des solides.

Les *solides* sont formés par des surfaces; suivant leurs formes ils ont différents noms :

Le *prisme* est formé par des rectangles ayant pour base un polygone quelconque.

La *base d'un solide* est la surface sur laquelle il repose.

Le *cylindre* est un prisme dont la base est un cercle.

La *pyramide* est formée par des triangles, et a pour base un polygone quelconque.

Le *cône* est une pyramide dont la base est un cercle.

La *sphère* est un solide terminé par une surface courbe dont tous les points sont également distants d'un point intérieur appelé centre.

GÉOMÉTRIE PRATIQUE.

Connaissant le nom des figures de géométrie, nous pouvons déjà nous entendre et désigner chaque objet comme il convient de le faire; passons maintenant à la géométrie pratique, qui doit être étudiée avec soin: car ses opérations se retrouvent sans cesse dans le courant de cet ouvrage.

Pour diviser une ligne droite en deux parties égales.

Fig. 7. Soit AB la ligne donnée; il faut ouvrir son compas plus grand que la moitié de la ligne AB, et placer une des pointes au point A, puis décrire un arc de cercle d'une grandeur indéfinie; ensuite placer la même pointe au point B, et de la même ouverture de compas (c'est-à-dire sans l'avoir ni rouvert ni refermé), décrire un second arc de cercle et le prolonger jusqu'à la rencontre du premier, ce qui donne les points CD; joindre ces deux points par une ligne droite qui divisera AB en deux parties égales.

On se sert de cette opération pour élever une perpendiculaire au milieu d'une ligne donnée.

Quand la ligne à diviser est très grande et qu'on ne peut le faire avec le compas, on prend un fil, on lui détermine la même grandeur qu'à cette ligne, puis le pliant en deux, on obtient le milieu de la ligne donnée.

Pour élever ou abaisser des perpendiculaires à une ligne donnée.

Fig. 10. Soit AB la ligne donnée.

Placer une règle tout près et pour ainsi dire touchant à la ligne AB, tenir cette règle immobile, puis faire glisser le long de cette règle un des côtés de l'angle droit de l'équerre; l'autre côté de l'angle droit servira à tracer autant de perpendiculaires que l'on voudra.

Pour mener des parallèles à une ligne donnée.

Fig. 6. Soit AB la ligne donnée. Placer l'équerre de manière que l'un de ses côtés soit tout près et touche pour ainsi dire la ligne AB, appliquer une règle à l'un des deux autres côtés de l'équerre, tenir cette règle immobile, puis faire glisser l'équerre le long de la règle pour mener autant de parallèles qu'on voudra.

Faire un angle égal à un angle donné.

Fɪɢ. 13. Soit donné l'angle A : on propose d'en construire un semblable à l'extrémité D de la ligne DE. Prendre le preneur d'angles et placer un de ses côtés tout près, et pour ainsi dire, touchant la ligne BA, puis ouvrir ce preneur d'angles jusqu'à ce que son autre côté recouvre juste la ligne AC; reporter le preneur d'angles de manière que l'un de ses côtés soit tout près de la ligne ED, le point D correspondant au point A; alors on pourra tracer la ligne DF, ce qui formera l'angle EDF égal à l'angle BAC. Ce moyen peut aussi servir à mener une ligne oblique DF, parallèle à une oblique AC.

Diviser un angle en deux angles égaux.

Fɪɢ. 12. Soit l'angle A que l'on veut diviser. Du point A, comme centre, et d'un rayon pris à volonté, décrire l'arc BC; des points B, C, comme centre et d'un même rayon, décrire deux arcs qui se coupent en E; joindre les points AE par une ligne qui divisera l'angle BAC en deux angles égaux.

Un côté AB étant donné, construire un triangle équilatéral,
c'est-à-dire qui a ses trois côtés égaux.

Fɪɢ. 15. Des points A, B, comme centre, et d'un rayon égal à AB, décrire deux arcs qui se coupent en C, mener les lignes AC, BC; le triangle ACB est le triangle demandé.

Un côté AB étant donné, construire un carré.

Fɪɢ. 16. Des points A, B, élever des perpendiculaires, puis des mêmes points A, B, comme centre et d'un rayon égal à leur écartement, décrire deux arcs de cercle; leur rencontre avec les perpendiculaires donne les points C, D, qu'on joindra par une ligne droite; ce qui termine le carré.

Construire un rectangle, le côté DC étant donné ainsi que la
grandeur du côté DA.

Fɪɢ. 18. Des points D, C, élever des perpendiculaires, prendre la grandeur DA et la reporter de C en B, joindre les points BA, etc.

Construire un hexagone, un côté AB étant donné.

Fig. 20. Des points A, B, comme centre et d'un rayon égal à leur écartement, décrire deux arcles de cercle, ce qui donne le point C; de ce point, comme centre et du même rayon, décrire un cercle; le côté AB sera contenu six fois dans la circonférence de ce cercle.

Pour déterminer la surface d'un petit tableau proportionnellement à celle d'un grand tableau donné, la largeur du petit tableau étant aussi donnée.

Fig. 18. Soit ABCD le grand tableau. Mener la diagonale DB, prendre le côté donné du petit tableau et le rapporter de D en E; du point E élevant une perpendiculaire jusqu'à la rencontre de la diagonale, on aura le point H; EH est la hauteur du petit tableau.

Cette opération est d'un grand secours pour les réductions, parce qu'il faut toujours, dans ce cas, établir le petit tableau ou dessin juste en proportion avec le grand.

Lorsqu'on veut tracer une ligne droite, qu'elle est très grande, et que pour cet effet on ne peut employer une règle, on emploie une ficelle que l'on frotte de blanc. Deux personnes, tenant cette ficelle, la placent aux points extrêmes de la ligne droite, elles la tendent le plus fortement qu'elles peuvent; alors l'une de ces personnes, la saisissant du bout des doigts, l'élève le plus possible, puis, la laissant échapper, elle revient frapper avec force et trace une ligne droite.

Lorsqu'on a des lignes à tracer sur un tableau, ce moyen est préférable à l'emploi d'un crayon blanc, qui peut contenir de petites parcelles dures et rayer le tableau.

Pour retrouver le centre d'un cercle.

Fig. 14. Prendre à volonté sur la circonférence les points A, B, O, joindre ces points par les lignes AB, BO, diviser la ligne AB en deux parties égales, ce qui donne la ligne FG; prolonger cette ligne indéfiniment; ensuite diviser la ligne BO en deux parties égales, ce qui donne la ligne ED; la rencontre de cette ligne avec la ligne FG donne le point C, qui est le centre du cercle donné.

Cette opération peut aussi servir pour trouver le centre d'un arc de cercle, et pour faire passer un arc de cercle ou un cercle par trois points donnés.

Par un point A, donné sur la circonférence d'un cercle, mener une tangente à ce cercle.

Fig. 11. Du point C, centre du cercle, et par le point L, faire passer une ligne indéfinie, prendre la grandeur du rayon CL, et la reporter de L en R : des points C, R, comme centre, et d'un rayon plus grand que la moitié de cette ligne, décrire deux arcs qui se coupent en D et en F; joindre ces points par une ligne droite, qui sera tangente au cercle donné.

Construire une ellipse, sa longueur et sa largeur étant données.

Fig. 21. Soit AB, la longueur, et CD, la largeur de l'ellipse. Prendre CE, moitié de CD, et reporter cette grandeur de A en O, diviser en trois parties égales OE, différence des deux demi-diamètres; prendre une de ces divisions et la reporter de O en I; des points I, A, comme centre et d'un rayon égal à leur écartement, décrire deux arcs qui se coupent en G et en L; du point B, comme centre et du même rayon, décrire un arc indéfini qui donne le point F; de ce point et du même rayon décrire un arc de cercle qui s'arrête aux points H, K, ce qui termine les deux extrémités de l'ellipse. Pour décrire le reste de sa circonférence, des points GH, comme centre et d'un rayon égal à leur écartement, décrire deux arcs qui se coupent en M; de ce point M, et du même rayon décrire l'arc GCH, ce qui termine un des côtés de l'ellipse; ensuite des points K, L, et du même rayon décrire deux arcs de cercle qui se coupent en N, ce point est le centre de l'arc KDL; décrire cet arc, ce qui termine l'ellipse demandée, etc.

Remarque. — Ce moyen de décrire l'ellipse sert à tracer les courbes à trois centres, employées fréquemment dans l'archi-tecture gothique.

DE LA PERSPECTIVE.

La *perspective* est l'art de représenter, sur une surface nommée *tableau*, la forme et les contours des objets tels qu'ils
nous apparaissent; puis les ombres et les réflexions ou mirage
de ces objets sur la surface des eaux et sur les glaces.

Pour dessiner d'après nature ou pour composer, on doit
s'occuper d'abord de la hauteur de l'horizon. L'*horizon*, lorsqu'il est représenté par la ligne droite qui sépare le ciel d'avec
la mer, se nomme *horizon visuel* ou *horizon visible*. Lorsque
la vue n'est pas terminée par la mer, qu'elle l'est au contraire
par des édifices ou par des montagnes, on ne saurait voir le
véritable horizon; mais comme on peut s'en passer, on en détermine un factice à l'endroit où se trouverait le véritable; il
se nomme *horizon rationnel*.

Quelques personnes désignent sous le nom d'horizon la ligne
supérieure des montagnes, cette ligne qui sépare les lointains
du ciel; pour moi, j'entends par horizon une ligne droite,
toujours située à la hauteur de l'œil du spectateur. Ainsi, plus
le spectateur sera élevé, plus l'horizon sera élevé.

La ligne d'horizon doit toujours se représenter par une ligne
droite.

Lorsqu'on étudie les tableaux et dessins des peintres anciens,
on trouve que l'horizon est placé haut ou bas suivant le sujet,
le genre et la place à laquelle le tableau était destiné, ajoutant
à ces données la manière particulière d'envisager la nature que
chacun avait contractée.

Lorsqu'on dessine d'après nature, il faut tracer sur son dessin
l'horizon juste à la même hauteur, par rapport aux objets re-
présentés, qu'il se trouve placé devant soi dans la nature. Je
dirai plus loin comment on peut l'obtenir.

Mais, dans une composition, pour placer l'horizon on trace
d'abord quelques objets réguliers qui servent de guide, ou bien
on le place à volonté. Une fois obtenu, il ne peut plus changer,
et tout doit lui être subordonné.

Fig. 22, 23 et 24. Toutes les lignes placées horizontalement
et fuyantes qui se trouvent au-dessus de l'horizon font l'effet
de descendre vers lui; plus elles sont élevées, plus cet effet
est sensible. Au contraire, toutes celles qui sont au-dessous de

l'horizon font l'effet de monter, si ces lignes sont parallèles fuyantes ; étant prolongées, elles vont effectivement se réunir à un seul point qui est à l'horizon.

J'établis comme principe, que toutes *les lignes horizontales* restent parallèles géométrales, et se mènent avec la règle et l'équerre ; que toutes celles qui sont *parallèles fuyantes* et placées *horizontalement*, qu'il ne faut pas confondre avec horizontales, vont se réunir à un point quelconque à l'horizon.

Toutes les lignes horizontales sont parallèles à l'horizon ; leur direction est invariable, tandis que *les lignes fuyantes placées horizontalement* peuvent avoir une foule de directions ; leur principe est d'être seulement toujours parallèles, dans toute leur longueur, avec la surface de l'eau. Les figures 22, 23 et 24 sont formées par des lignes placées horizontalement ; les unes sont horizontales et les autres vont tendre à un point de l'horizon. Toutes les lignes qui vont se réunir à un point quelconque de l'horizon se nomment *lignes parallèles fuyantes*. Elles conservent toujours le même espace entre elles, quoiqu'en apparence elles paraissent diminuer et finir en un point.

Fɪɢ. 23. On nomme *surfaces de front* celles qui ont pour base une ligne horizontale, telles que la face AB B′A′, etc.

Surfaces fuyantes, toutes celles qui ont pour base des lignes fuyantes, telle que les faces ACC′A′, BEE′B′.

DU POINT DE FUITE PRINCIPAL.

Le point de fuite principal P (que quelques auteurs ont nommé faussement point de vue), est toujours sur l'horizon en face de l'œil du spectateur ; ainsi, lorsqu'on regarde devant soi, la ligne droite, qui de l'œil va frapper perpendiculairement sur l'horizon, donne le point de fuite principal. Je le nomme *point de fuite principal*, parce qu'il est ordinairement le point de fuite des principaux édifices d'un tableau ; et lorsqu'on dessine d'après nature, il sert presque toujours de guide pour le placement des points de fuite des différents objets ; dans ce cas le point de fuite principal s'obtient exactement ; lorsqu'on compose, il se trouve ou se place à volonté.

Principe. Toutes les lignes qui vont se réunir au point de fuite principal font angle droit avec les lignes horizontales ;

exemple : *Une ligne horizontale étant donnée, on propose d'en mener une fuyante qui fasse angle droit avec elle.*

Fig. 22 et 23. Soit AB la ligne donnée. Du point A mener une ligne AC tendant au point de fuite principal P; cette ligne fera angle droit avec AB. Dans les deux figures on opère de même; seulement dans la figure 22 on mène la ligne de A en P, et dans la figure 23, on la mène de P passant par A, c'est-à-dire que, dans la première de ces figures, elle s'éloigne de nous, et que dans la seconde elle s'en rapproche.

Fig. 24. Lorsque la première ligne donnée ne tend pas au point de fuite principal, ou bien qu'elle n'est pas horizontale, elle tend à un point sur l'horizon qu'on nomme *point acciden-tel;* si l'on veut mener une autre ligne devant faire angle droit avec elle, elle devra tendre à un autre point accidentel. Cette figure représente des fabriques vues accidentellement.

Ainsi, je récapitule la direction des lignes formant angle droit et placées horizontalement : 1° si l'une est horizontale, l'autre tendra au point de fuite principal; 2° si l'une tend à un point accidentel, l'autre tiendra à un autre point accidentel.

Il n'y a qu'un seul point de fuite principal dans un tableau, mais il peut y avoir une infinité de points accidentels.

Le point de fuite principal peut être placé au centre, ou à toute autre place dans le tableau, tout-à-fait sur le côté et même dehors, toujours s'entend sur la ligne d'horizon. J'ai réuni ces exemples différents planche 2, figures 25, 26 et 27. 1° Le point de fuite principal est au milieu, les deux rangs d'édifices semblent fuir de même ; les grandeurs correspondantes apparaissent égales. 2° Le point de fuite principal est plus de côté, mais de manière à laisser apercevoir les deux rangées d'édifices fuyants. Alors la rangée la plus près du point de fuite apparaît la plus étroite, quoiqu'étant de même grandeur que celle qui lui correspond. 3° Le point de fuite principal est tout-à-fait sur le côté du tableau et ne laisse apercevoir qu'un rang fuyant d'édifice, etc.

Pour obtenir la hauteur apparente de figures humaines placées aux divers plans d'un tableau.

Fig. 24. Soit donnée la figure DI, qui est placée au point D ; de ce point mener une ligne horizontale jusqu'au bord du tableau, ce qui donne le point D'; prendre la grandeur de la figure DI et la reporter en la couchant de D' en I'; ensuite, faire passer une ligne du point F, rencontre de l'horizon avec le bord du tableau, et par le point I'; on a alors deux lignes, FI' et FD', qui sont parallèles fuyantes puisqu'elles se réunissent à un point de l'horizon; donc, toutes les lignes horizontales contenues entre elles seront de la même grandeur perspective que la ligne D'I', c'est-à-dire égales à la grandeur de la figure donnée. Les lignes parallèles fuyantes D'F, I'F forment une *échelle fuyante*.

Pour placer une figure humaine à un point donné K, et trouver sa grandeur apparente.

Du point K, mener une ligne horizontale jusques et comprise dans l'échelle fuyante, ce qui donne la grandeur K', J'. Cette grandeur sera celle demandée, car elle est perspectivement égale à la hauteur de la figure donnée. Donc, prendre la grandeur K' J' et la reporter de K en J; opérer de même pour toutes les figures.

Remarque. Je suppose toujours que les figures humaines ont cinq pieds; je les détermine de cette grandeur, sauf à les augmenter ou à les diminer ensuite, suivant le besoin. Les lignes horizontales comprises dans l'échelle fuyante représentent donc des grandeurs de cinq pieds; elles servent à obtenir la grandeur de tous les objets qui entrent dans la composition.

DEUXIÈME PLANCHE.

Fig. 27. Un moyen fort simple et très important avec lequel il faut se familiariser, c'est de juger de la hauteur des objet par la manière dont ils sont coupés par l'horizon; exemple: si le *terrain perspectif*, c'est-à-dire l'espace contenu depuis la base du tableau jusqu'à l'horizon, est parfaitement uni, qu'il ne présente ni creux ni élévation, tous les objets posés sur ce terrain devront être coupés de même par horizon. Je suppose d'abord qu'une figure placée au premier plan a sa tête touchant tout juste à l'horizon; je dis que l'horizon est élevé de la hauteur d'une figure humaine est placé à cinq pieds d'élévation; dans

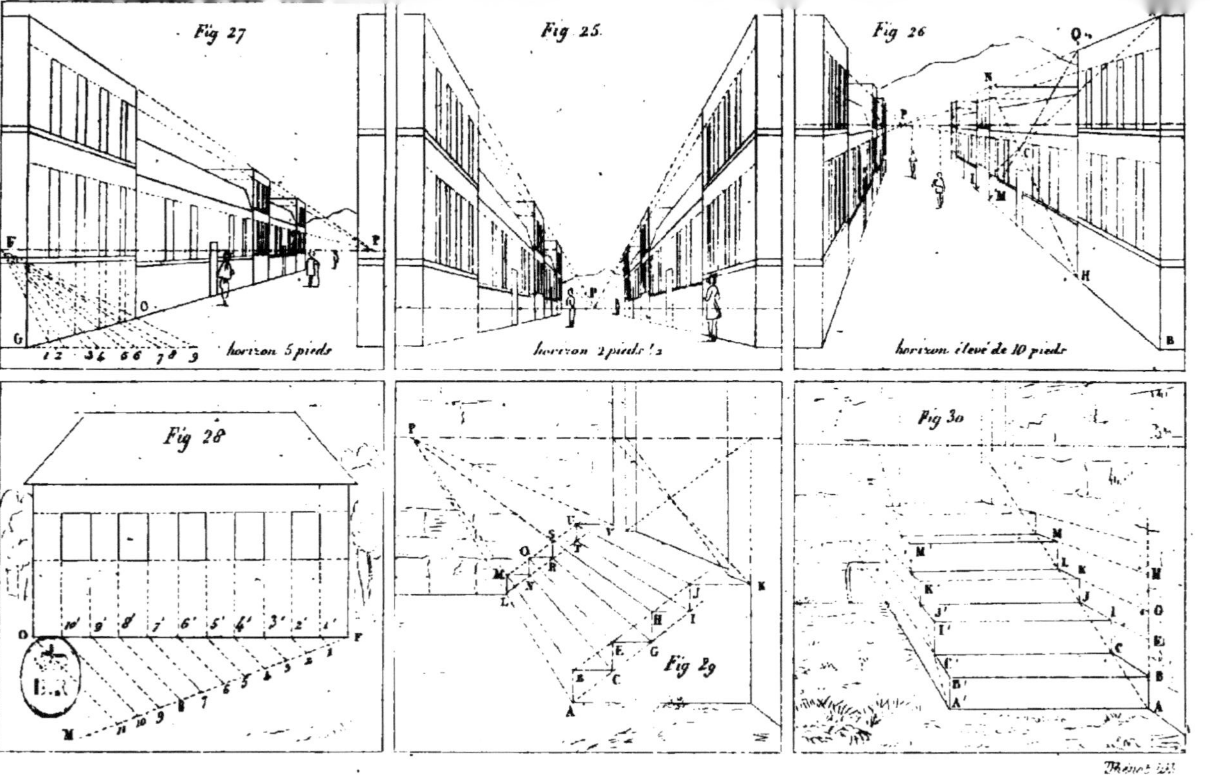

Fig 27
Fig 25.
Fig 26
Fig 28
Fig 29
Fig 30
horizon 5 pieds
horizon 2 pieds 1/2
horizon élevé de 10 pieds

ce cas, la tête de toutes les figures placées, n'importe à quel point, sur le terrain perspectif, doit toucher à l'horizon ; et tous les objets auront depuis leur base jusqu'à l'horizon cinq pieds. Cette grandeur de cinq pieds reportée horizontalement ou verticalement donnera la largeur ou la hauteur que l'on voudra aux édifices, aux arbres, etc., etc. Voir pour exemple le tableau du Poussin intitulé : *La Femme adultère.* L'horizon est à la hauteur des têtes, ou à cinq pieds.

FIG. 26. L'horizon, au lieu d'être élevé de cinq pieds, peut l'être de tout autre nombre de pieds, par exemple de dix ; dans ce cas, la distance de la tête des figures à l'horizon doit être égale à la hauteur des figures, c'est-à-dire de cinq pieds pour la figure et cinq pieds au-dessus; tous les objets seront coupés à dix pieds : ou pour mieux dire, ils auront dix pieds depuis leur base jusqu'à l'horizon, etc., etc.

FIG. 25. Lorsque la première figure sera coupée en deux par l'horizon, toutes celles que l'on placera devront l'être de même, et l'horizon sera placé à deux pieds et demi. M. Horace Vernet a placé les figures de cette manière dans son tableau *A tous les cœurs bien nés que la patrie est chère.*

Lorsqu'on sera familier avec ce moyen, on pourra, à la première inspection, juger si les objets d'un tableau sont placés convenablement d'après le plan qu'ils occupent, et on évitera de faire, comme certains peintres de nos jours, qui, après avoir placé dans leurs tableaux les premiers objets comme ils les ont vus d'après nature, en ont placé d'autres dans les plans plus éloignés et en ont fait des pygmées. Je puis citer, entre autres, un tableau de marine qui est dans la galerie du Palais-Royal ; la mer étend ses eaux depuis la base du tableau jusqu'à l'horizon, ce qui fait voir que le terrain perspectif est parfaitement uni ; seulement il laisse voir dé temps en temps des bancs de sable qui se trouvent à fleur d'eau, et sur lesquels sont placés des groupes de pêcheurs. La tête de ceux du premier plan, qui dépasse l'horizon, fait voir que l'horizon se trouve élevé d'à peu près quatre pieds. Les pêcheurs du second plan ont leur tête qui touche à l'horizon; ceux-là ont déjà un pied de moins que les personnages du premier plan, et ceux des plans éloignés n'ont pas même deux pieds, la distance de leur tête à l'horizon étant beaucoup plus grande que leur hauteur. Cette faute

2

existait dans le tableau de M. Decamps, exposé en 1839, intitulé *Joseph vendu par ses frères; vue prise en Syrie*. Les chameaux du second plan n'avaient pas leur hauteur réelle et apparente plus grande que le quart de ceux du premier plan, etc. Ces fautes d'orthographe sont impardonnables à des hommes de talent, surtout lorsqu'il leur est si facile d'apprendre à ne plus en faire.

Principe. On doit voir le dessus des objets horizontaux placés au-dessous de l'horizon, et le dessous de ces mêmes objets quand ils sont placés au-dessus de l'horizon.

Pour dessiner d'après nature les figures humaines.

Quand on veut faire un tableau ou un dessin, et que les figures doivent être peintes ou dessinées d'après nature; pour les poser, il faut faire bien attention de les placer, dans son atelier, par rapport à la hauteur de l'horizon, juste comme elles le seront dans le tableau. Pour cela on s'assure de l'horizon du tableau, on reporte cette hauteur, à partir du sol, sur le mur du fond, de manière que les figures-modèles soient placées entre ce mur et l'œil de l'artiste, puis on trace sur le mur, à cette hauteur, une ligne horizontale (cette ligne se forme avec du blanc ou bien avec une corde que l'on tend). Il faut que l'artiste se place de sorte que son œil soit toujours à la hauteur de cette ligne et que toutes les figures-modèles soient coupées par cette ligne, comme elles doivent l'être par la ligne d'horizon du tableau; sans cette précaution, il y a dans le tableau un désaccord dont l'œil ne peut se rendre compte.

Il y a quelques années, M. Eugène Delacroix me pria de lui tracer quelques lignes monumentales dans un grand tableau qui a figuré à l'une de nos dernières expositions, *la Mort de Sardanapale*. Toutes les figures étaient peintes, il ne restait plus à faire que l'architecture. Toutes ces figures avaient été dessinées de la même place et à la même hauteur, sans qu'il se fût occupé de l'horizon dans le tableau ni dans la nature; alors on voyait le dessus de la tête quand on devait voir le dessous du menton, et ainsi de suite pour toutes les autres parties de ces figures. Cependant il les croyait exactes de dessin puisqu'il les avait dessinées d'après nature; il aurait dû savoir que lorsque le modèle est élevé de cinq pieds, il n'est pas vu de même que s'il l'était de quinze ou vingt pieds quoique dans la même position l'aspect soit tout différent.

Pour diviser une ligne vue de face en parties égales.

Fig. 28. Soit donnée la ligne FO, qu'on veut diviser en parties égales, par exemple en onze ; il faut du point F mener une ligne FM, faisant un angle quelconque avec la ligne FO ; d'une ouverture de compas prise à volonté, porter sur FM onze grandeurs égales : 1, 2, 3, 4, 5, etc. La dernière division n'est pas toujours placée de même, car si on avait pris la première division F 1 plus petites, le point 11 serait plus près du point F ; mais, dans l'un ou l'autre cas, cela revient absolument au même. Ainsi, le point 11 dernière division étant déterminé, joindre ce point avec le point O ; puis de toutes les autres divisions 10, 9, 8, 7, etc., mener des lignes parallèles à la ligne 11, O, ce qui s'effectue par le moyen que j'ai donné fig. 6. Ces lignes parallèles diviseront la ligne FO en onze parties égales.

Cette opération doit être employée toutes les fois qu'on veut diviser une ligne vue de face en parties égales, quel que soit le nombre des divisions ; elle sert aussi toutes les fois qu'on veut placer sur la surface de front d'un édifice des fenêtres également espacées et égales à leurs intervalles ; dans ce cas, de tous les points de division obtenus, on élève des verticales, etc.

Pour diviser une ligne fuyante en parties égales.

Lorsqu'une ligne fuyante contient des divisions perspectivement égales, elles doivent apparaître se rapprocher d'autant plus qu'elles s'enfoncent dans le tableau, par la raison que de deux espaces égaux, le plus éloigné apparaîtra toujours le plus petit. Ainsi, dans la ligne que nous voulons diviser, la première division apparaîtra la plus grande, la seconde division apparaîtra plus grande que la troisième, etc., etc. ; donc, le moyen employé pour une ligne de face ne peut convenir. Voici alors comment on opère :

Fig. 27. Pour diviser la ligne fuyante G O en neuf parties égales, mener du point G une ligne horizontale indéfinie ; cette ligne ne peut être menée autrement ; prendre une grandeur quelconque, G 1, et la reporter huit fois sur la ligne horizontale à partir de 1, ce qui donne les points 2, 3, 4, 5, 6, 7, 8, 9. De ce dernier point et par l'extrémité O de la ligne à diviser G O, faire passer une ligne droite et la prolonger jusqu'à l'horizon, elle donnera le point F. Si de ce point F et par les points 1, 2, 3, 4, 5, 6, 7, 8, on mène des lignes droites, ces lignes seront des parallèles fuyantes, puisqu'elles tendront au même point de fuite F ; comme parallèles, également espacées elles divisent la ligne fuyante G O en neuf parties égales.

Cette opération est basée sur le principe que toutes les fois que des parallèles sont placées à égale distance, elles divisent en parties égales toutes les lignes droites qui les traversent, n'importe quelle soit la direction de ces lignes droites.

Cette manière de diviser une ligne fuyante en parties égales sert à placer des fenêtres sur une surface fuyante, toutes les fois que les fenêtres sont égales à leur intervalle.

Pour déterminer un rectangle égal dans toutes ses dimensions à un rectangle donné, ces rectangles étant séparés par un espace quelconque.

FIG. 26. Soit ABHO le rectangle donné, OHMN l'espace qui sépare les rectangles; mener les diagonales HN, OM; du point A et par le centre C, faire passer une ligne qui donne I, et déterminer la profondeur du rectangle demandé; car MI est égal à AO, etc.

Pour construire un escalier vu de profil.

FIG. 29. Soit donné AB comme hauteur, et BC comme largeur d'une marche.

Du point A et par le point C faire passer une ligne, et la prolonger indéfiniment; du point B mener une parallèle à cette ligne; toutes les hauteurs et largeurs des marches doivent être contenues entre ces parallèles : donc, de C élevant une verticale, on obtient E; de ce point menant une horizontale, on obtient G, etc. Des points A, B, C, E, G, etc., mener des lignes au point P. Déterminer à volonté AL, profondeur de l'escalier; du point L élever une verticale LM; des points L, M, mener des parallèles à la ligne AC, puis mener des lignes MN, NO, etc.; elles termineront l'escalier.

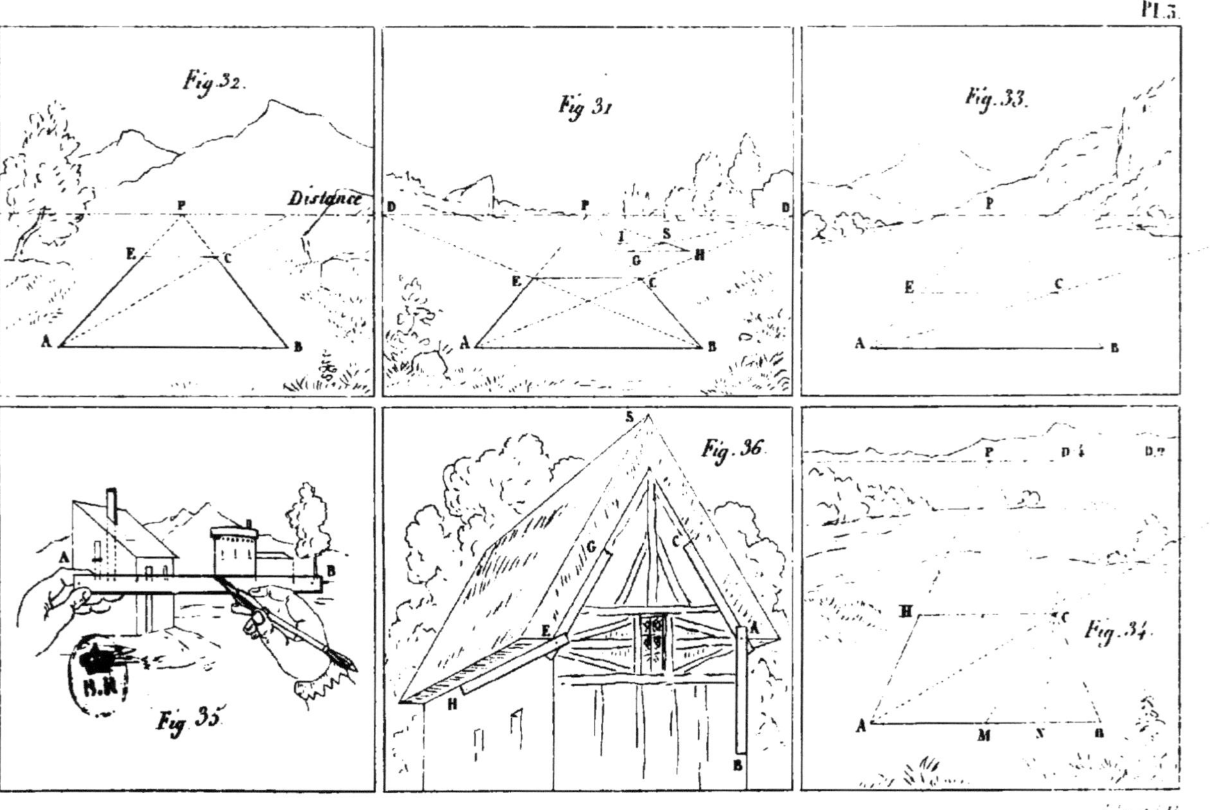

Fig.32.
Distance
P
E C
A B
Fig 31
P D
I S
G H
E C
A B
D
Fig.33.
P
D
E C
A B
D
Fig.36
S
G C
E A
H
B
Fig.35
A B
H.N
Fig.34
P D D?
D
H C
A M N B

Escalier vu de face.

F**IG**. 30. Soit donné AB pour hauteur, et BC pour profondeur de la première marche.

Du point B élever une verticale indéfinie, prendre AB, et reporter cette hauteur de B en E, de E en G, etc., autant de fois que l'on veut avoir de marches ; des points EGH mener des lignes au point P ; ces lignes dermineront la hauteur des marches : ainsi du point C élevant une verticale, on obtient CI, hauteur de la deuxième marche ; pour en déterminer la profondeur, du point A et par le point C, faisant passer une ligne et la prolongeant indéfiniment, elle déterminera la profondeur de toutes les marches au point J, L, etc. Du point J, élevant une verticale JK, cette ligne sera la hauteur de la troisième marche, et ainsi de suite. Pour l'autre côté de l'escalier, il faut du point A′ et par le point C′, faire passer une ligne indéfinie des points J, L, etc., mener des horizontales jusqu'à la rencontre de cette ligne, ce qui donnera les points J′ L′ ; de ces points élevant des verticales, et des points I, K menant des horizontales, on obtient des points I′, K′ ; joindre les points I′J′, K′L′. Ces lignes doivent tendre au point P ; elles terminent le second côté de l'escalier.

TROISIÈME PLANCHE.

DE LA DISTANCE.

La distance d'un tableau est l'écartement de l'œil du spectateur à ce tableau.

Le point de distance est le point de station du spectateur.

La distance est plus ou moins grande suivant que le spectateur est plus ou moins éloigné du tableau.

Un tableau n'est autre chose qu'une vitre à travers laquelle on est censé voir la nature. Supposons donc une vitre, et que nous puissions y dessiner avec un crayon quelconque, les objets que nous voyons au travers. Ces objets dessinés ainsi seront parfaitement en perspective ; l'endroit où notre œil était placé pour voir ces objets était le point de distance, et l'écartement de notre œil à la vitre, la distance du tableau.

Pour dessiner d'après nature ou pour composer, on ne peut avoir qu'une seule distance ; car lorsque nous dessinions ces objets à travers la vitre, si après avoir commencé à les esquisser, nous avions rapproché l'œil de la vitre, la distance alors aurait changé et elle serait devenue plus courte ; et nécessairement les contours des objets esquissés sur la vitre ne se seraient plus rapportés aux contours des mêmes objets dans la nature, ils n'auraient plus du tout coïncidé. Pour terminer cette esquisse nous aurions été obligés de nous remettre à la première place ou première distance. Si nous avions éloigné notre œil, il y aurait eu le même inconvénient.

Ainsi, je conclus que, pour dessiner d'après nature, il faut choisir une place convenable et ne pas en bouger. Il ne faut pas faire comme certaines personnes qui en changent trois ou quatre fois en faisant un ensemble d'après nature ; il en résulte qu'elles réunissent dans le même dessin plusieurs hauteurs d'horizon et plusieurs distances, et elles sont tout étonnées de trouver dans cet ensemble un désaccord duquel elles ne peuvent se rendre compte.

Dans les tableaux des grands maîtres, la distance varie beaucoup. Dans les *Noces de Cana* de Paul Véronèse, elle est égale à trois fois la largeur du tableau ; Léonard de Vinci la prenait ordinairement égale à trois fois et même à deux fois la plus grande dimension de son tableau ; dans les compositions du Poussin, elle est égale à deux fois et demie et même à deux fois la largeur de leur base ; dans l'*École d'Athènes*, de Raphaël, elle est égale à la base.

Je crois que les grands maîtres ne s'occupaient de la distance qu'après avoir esquissé leur premier plan, ou d'après nature, ou comme ils l'entendaient ; ensuite, pour rectifier cette esquisse ou pour établir d'autres édifices en rapport avec ceux qu'ils s'étaient donnés, ils cherchaient la distance.

Je viens de dire que si l'on pouvait calquer la nature au travers d'une vitre, on obtiendrait un bon résultat, une perspective rigoureuse ; mais ce n'est pas sur une vitre qu'on peut faire de la peinture, c'est sur du papier ou sur une toile ; il faut donc employer d'autres moyens pour arriver au même but.

J'expliquerai incessamment comment, étant placé devant la nature ou bien en composant, on obtient de suite la hauteur, la largeur et la profondeur des différents objets, de même que tous les points de fuite ; mais en attendant nous allons continuer de nous entretenir de la distance.

Pour tracer régulièrement la majeure partie des objets, on a besoin de connaître la distance de son tableau, et comme on ne peut pas opérer avec un point qui est devant ce tableau, on a imaginé de prendre la distance de l'œil du spectateur au tableau, et de reporter cette distance également à droite et à gauche sur l'horizon, à partir du point de fuite principal.

Cette distance se trouve et se reporte facilement sur l'horizon ; il suffit pour cela de tracer sur son tableau un objet régulier.

Cette distance, reportée sur le tableau ou sur son prolongement, sert de point de fuite à toutes les lignes qui font angle demi-droit avec les lignes horizontales ; ou, ce qui est la même chose, avec la base du tableau.

Pour mettre un carré en perspective.

Fig. 31. Soit donnée la ligne horizontale AB, qui est un des côtés du carré. Soit pris à volonté le point de fuite principal P, et les points de distance D et D', qui doivent être également distants du point P.

Comme le côté AB est horizontal pour mener des lignes qui fassent angle droit avec, il faut, des points A, B, mener des lignes au point P, puis des mêmes points A, B, mener des lignes qui, se croisant, tendent aux points de distance D, D' ; elles donneront les points C, E, que l'on joindra par une ligne droite horizontale, ce qui terminera le carré.

Une seule ligne tendant au point de distance suffit pour déterminer la profondeur du carré ; ainsi, après avoir mené les lignes AP, BP, du point A, mener une ligne au point D, sa rencontre avec BP donne le point C, de ce point menant une horizontale, elle doit aboutir au point E.

Fig. 32. Si j'avais éloigné davantage le point de distance du point de fuite P, la profondeur du carré aurait paru moins considérable.

Fig. 33. Si au contraire j'avais rapproché la distance, la profondeur du carré aurait paru plus grande. Je conclus de là que, dès que la profondeur d'un carré ne semblera pas assez grande, il suffira pour l'agrandir d'approcher le point de distance du point P.

Fɪɢ. 31. Si l'on voulait déterminer un second carré dans le même tableau, son côté horizontal GH étant donné, il suffirait de mener les lignes GP, HP; puis de mener du point H une ligne au point D, ce qui déterminerait le point J, profondeur du carré; de ce point mener une horizontale, etc.

Il faut remarquer que dans un tableau la profondeur de tous les carrés qui ont un côté horizontal s'obtient de même, en employant l'un ou l'autre des points de distance; mais ces points de distance doivent être également éloignés du point P.

Pour trouver la distance.

Fɪɢ. 31. Un carré ABCE étant tracé, sa profondeur a été déterminée d'après nature, ou à volonté. Si elle l'a été d'après nature, on l'a placée comme on la voyait; si, au contraire, c'est dans une composition n'ayant pas de distance, on l'a déterminée à volonté, ne suivant d'autre règle que celle du goût; dans les deux cas, dès que la profondeur est fixée, la distance est déterminée; pour la trouver, il faut tracer une diagonale du carré, telle que AC; en la prolongeant jusqu'à l'horizon, elle détermine le point de distance en D. On opère de même toutes les fois qu'on a un carré et qu'on veut trouver la distance.

Pour déterminer une profondeur quelconque sur une ligne fuyante tendant au point P.

Lorsque l'on sait établir des carrés fuyants, il n'est pas difficile de déterminer, sur une ligne fuyante, une profondeur donnée; car, dans un carré fuyant, les côtés vus en fuite sont égaux aux côtés horizontaux. En plus, lorsque l'on sait obtenir cinq pieds, on peut en obtenir n'importe quel nombre, vu que le principe est le même pour un petit nombre que pour un grand. L'échelle fuyante de la figure 24, planche première, sert à déterminer la grandeur apparente des figures humaines placées aux différents plans, par conséquent à obtenir une grandeur de cinq pieds, soit verticalement, soit horizontalement.

Fɪɢ. 31. Je suppose donc que, par le moyen d'une échelle fuyante, j'ai donné dix pieds à la ligne horizontale AB, et que je veux en déterminer dix sur la ligne fuyante BC, à partir du point B; voici le raisonnement que l'on peut faire : si je fais

un carré fuyant avec la ligne AB, nécessairement j'ai déterminé
dix pieds à la ligne BC, comme étant côté du même carré;
donc, sans être obligé d'établir un carré, il suffit du point A de
mener une ligne au point D ; sa rencontre avec BC détermine
dix pieds. Donc, toutes les fois que l'on veut donner à une
ligne fuyante une grandeur quelconque, il faut, de son extrémité la plus rapprochée, mener une ligne horizontale telle que
BA, déterminer sur cette ligne la grandeur voulue à partir du
point B, ce qui donne A; de ce point mener une ligne au point
D : elle détermine sur la ligne donnée la grandeur voulue.

Pour mesurer une ligne qui tend au point de fuite principal **P.**

Fig. 31. Je suppose qu'il n'y a de déterminé que la ligne
fuyante BC. On désire connaître la grandeur géométrale de
cette ligne.

Du point B mener une horizontale indéfinie, puis du point
de distance D et par le point C faire passer une ligne qui vienne
couper la ligne BA ; l'intersection de ces deux lignes donne le
point A et détermine BA, ligne horizontale égale à la ligne
fuyante BC; donc, mesurant par une échelle fuyante de cinq
pieds la ligne BA, on connaît la grandeur de la ligne BC.

Remarque. Tous les problèmes différents que je viens de
donner et de démontrer ont pour base le même principe, un
carré vu en fuite; il faut donc s'exercer beaucoup, et surtout
bien comprendre cette figure.

DES FRACTIONS DE LA DISTANCE.

La distance entière étant presque toujours en dehors du tableau, on ne l'emploie guère que dans les dessins et les tableaux de petite dimension; il est plus commode d'opérer avec
une fraction de distance, que l'on peut toujours obtenir dans
son tableau. Je vais indiquer ce mode; il est aussi facile que
l'emploi de la distance entière.

Étant déterminée à volonté la profondeur d'un carré ABCH, *on
propose de trouver la distance ou une portion de cette distance.*

Fig. 34. Menant la diagonale AC et la prolongeant jusqu'à
l'horizon, on obtient le point de distance ; mais si ce point est

en dehors du tableau, ce que je suppose, on divise AB en deux parties égales, et on obtient le point M; de ce point et par le point C faisant passer une ligne jusqu'à l'horizon, on a la moitié de la distance que nous désignerons toujours par D/2; la grandeur P, D/2 doit être égale à D/2, D. Si le point D/2 ne s'était pas trouvé dans le tableau, on aurait divisé M, B en deux parties égales, ce qui aurait donné le point N; de ce point et par le point C ayant fait passer une ligne jusqu'à l'horizon, on aurait eu le quart de la distance D/4, parce que NB est le quart de la la ligne AB; la grandeur P, D/4 doit être juste le quart de la grandeur P, D, etc. On obtiendrait de même les points D/8, D/16, etc., etc.

On propose de construire un carré sur la ligne horizontale
AB, le point D/2 étant donné.

FIG. 34. Soit donnée la ligne AB; de ses extrémités menez des lignes au point P; divisez AB en deux parties égales, ce qui donne M; de ce point menez une ligne au point D/2; cette ligne donne, à la rencontre de BP, le point C, profondeur du carré; par conséquent CB est égale à AB. Il faut faire bien attention que dans un carré les côtés sont égaux, c'est-à-dire que le côté BC, qui est fuyant, est aussi grand que le côté AB, qui est vu de front.

Je vais quitter pour un moment la planche trois et reprendre la première.

Pour inscrire un carré dans un carré donné.

FIG. 23. Soit A′B′E′C′ le carré donné, il faut mener ses diagonales A′E′, B′C′; les angles du carré inscrit doivent s'arrêter sur ses diagonales, etc.

Pour construire un parquet de dalles carrées.

FIG. 23. Soit donné E C pour largeur totale du parquet; diviser cette grandeur en cinq parties égales par le moyen donné fig. 28, on obtient les points G, H, L, M; de ces divisions, ainsi que des points extrêmes E C, mener des lignes au point P, ce qui détermine la direction fuyante des rangées de dalles. Comme je suppose que cet intérieur est carré, c'est-à-dire que les côtés fuyants E B, C A sont égaux aux côtés horizontaux E C, B A ; je mène une diagonale E A, sa rencontre avec les lignes fuyantes menées des points de division G, H, L, M, détermine des points d'intersection, I, J. etc., etc., par lesquels je mène des lignes horizontales qui déterminent les rangées et les font apparaître se rapprochant suivant leur éloignement de l'œil.

Remarque. Lorsqu'il y a plusieurs lignes parallèles fuyantes comme dans ce parquet, quoiqu'étant de même grandeur, elles paraissent de grandeur différente, suivant qu'elles sont plus ou moins éloignées de leur point de fuite ; ainsi la ligne HP, qui est perpendiculairement en face du point P, ou pour mieux dire qui est la plus près de la verticale qui passerait par ce point P, paraît plus courte que la ligne LP qui en est plus éloignée ; cette dernière paraît moins longue que la ligne MP, et ainsi de suite ; donc plus une ligne fuyante s'éloigne de la verticale qui passe par son point de fuite, plus elle paraît développée.

En traçant les diagonales de chacune de ces dalles carrées, on obtiendra un parquet de dalles vues accidentellement.

Je retourne à la planche trois.

Méthode générale pour dessiner d'après nature, ou moyen manuel servant à obtenir les largeur, profondeur et hauteur des objets que l'on veut représenter.

Fig. 35. Lorsque l'on a choisi la vue que l'on veut dessiner, il faut se placer devant, le plus commodément possible. Il ne faut pas être trop près des premiers objets ; il faudrait pour bien faire en être éloigné au moins de deux fois leur plus grande dimension ; car la première condition est d'embrasser entièrement la vue que l'on veut représenter d'une seule œillade. Après en avoir déterminé les extrémités à des endroits que l'on puisse retrouver facilement, on prend une bande de papier ; on la plie de manière qu'elle puisse servir de règle ; on détermine sa longueur de la même largeur que le tableau ou dessin que l'on veut faire ; alors on la place à hauteur de l'œil, entre soi et les objets à représenter. Il faut avoir soin de tenir toujours la bande de papier le plus horizontalement possible, et de manière qu'elle forme angle droit avec le rayon central de l'œil. (Lorsque l'on regarde droit devant soi, la ligne qui de l'œil va frap-

per l'horizon est le rayon central de l'œil.) Etant dans cette
position il faut l'éloigner ou la rapprocher de son œil jusqu'au
moment où ses extrémités se trouvent en face des deux points
extrêmes de la vue à représenter. Etant ainsi placé, il faut la
tenir immobile, et puis marquer dessus avec un crayon la distance relative de tous les objets. A, B sont les points opposés
du paysage, les extrémités de la règle sont placées juste en face.
Lorsque l'on a marqué sur la règle toutes les distances, on la
place sur son papier ou sur sa toile, et l'on en obtient la place
de tous les objets à représenter; ce moyen est très expéditif.
Les premières fois que l'on s'en sert, la main tremble; il est
bon d'avoir une baguette ou canne pour s'appuyer.

Lorsque l'on a obtenu sur son tableau la distance des objets
ainsi que leur largeur, on place les hauteurs approximativement,
en comparant si elles sont la moitié, le tiers, le quart ou le
double des largeurs; quelquefois on les mesure comme les largeurs : pour cela il faut placer sa règle à la même distance de
l'œil que pour mesurer les largeurs. Lorsqu'elle est ainsi re-
placée, sans déranger de place ni la main ni l'œil, il faut mettre
la règle dans une position verticale, puis l'on marque dessus
toutes les hauteurs. Il faut avoir bien soin, toutes les fois que
l'on voudra obtenir les hauteurs et les largeurs, de replacer
toujours la règle à la même distance de l'œil.

Il arrive souvent que la dimension du tableau que l'on veut
faire est très grande; alors on détermine la grandeur de la règle
à mesurer de la moitié, du quart ou du huitième de ce tableau,
puis l'on mesure sur la règle comme nous avons expliqué plus
haut; si la règle est égale à la moitié du tableau, on double les
mesures en les reportant sur le tableau; si elle est égale au
quart, on quadruple les distances, etc.

*Pour obtenir manuellement la représentation des lignes fuyantes
et des lignes inclinées ou obliques.*

Fig. 36. Je prends pour exemple une fabrique surmontée
d'un toit en triangle ou fronton. Après avoir obtenu par le
moyen que je viens d'indiquer la largeur et la profondeur de
la fabrique, il faut s'occuper de l'inclinaison du toit : pour l'obtenir, on se sert du preneur d'angle (voy. page 5); on place
l'un de ces côtés en face la ligne AB, et on l'ouvre jusqu'au mo-

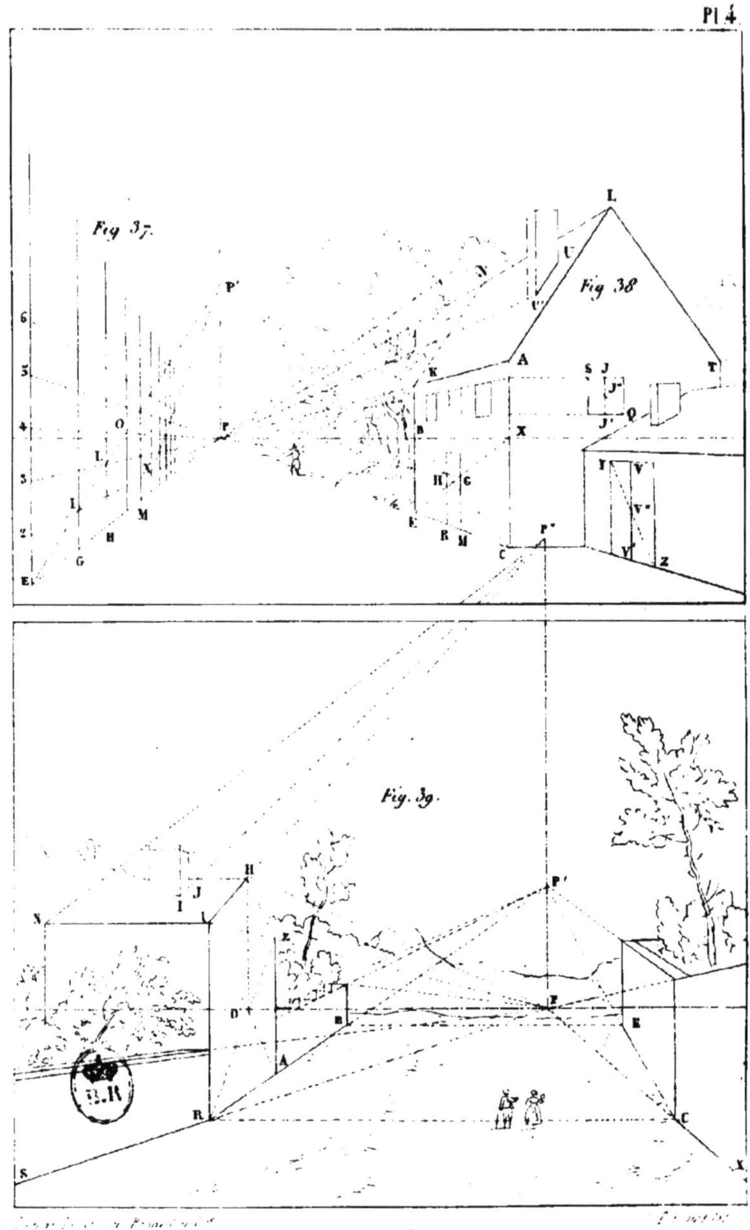

Fig. 37.
Fig. 38
Fig. 39.

ment que son autre côté recouvre juste la ligne AC ; on reporte
l'angle ou ouverture d'angle sur son dessin aux lignes et points
correspondants, et comme un angle ne change pas de grandeur,
quelle que soit la longueur de ses côtés, on a obtenu avec
exactitude l'angle qui forme les lignes de l'édifice, etc., etc.

QUATRIÈME PLANCHE.

*Pour établir des arbres à égale distance, les deux premiers étant
placés.*

Fig. 37. Soit donné ou placé à volonté les deux premiers
arbres ; je les désigne par les verticales élevées des point E, G ;
reporter sur la première de ces verticales, sur celle qui est le
plus près de nous, autant de grandeurs égales que l'on voudra,
ce qui donne les points 2, 3, 4, 5. Il faut observer que la première de ces divisions, celle marquée E 2, a été prise absolument à volonté.

De tous ces points de division, 2, 3, 4, 5, mener des lignes
au point P. Puis des points E, I, c'est-à-dire de la base du premier et de la rencontre du second arbre avec la ligne 2 P, faire
passer une ligne droite indéfinie ; son intersection avec les lignes 3 P, 4 P, 5 P, donne les points L, O, etc., place des troisième, quatrième arbres, etc., etc. Faire passer des verticales
par les points L, O, et les prolonger jusqu'à la ligne EP, qui
est la ligne de base de la rangée d'arbres ; alors on a le troisième
arbre au point H, le quatrième au point M, etc.

Si l'on voulait continuer cette rangée d'arbres, on peut le
faire par deux moyens ; 1° en reportant la grandeur E 2 autant
de fois qu'on pourra au dessus du point 5, ce qui donne le
point 6, etc. ; mener comme précédemment des lignes au point P,
et opérer absolument de même. 2° Si le nombre d'arbres obtenus n'était pas suffisant, et qu'on ne pût plus obtenir de divisions, attendu qu'elles ne pourraient plus être contenues
dans le tableau, il faudrait élever une verticale du point P, et
prolonger la ligne EI jusqu'à ce qu'elles se rencontrassent, ce
qui donnerait un point de fuite *sur-horizontal* P'. Alors, du pied
du dernier arbre trouvé, du point M mener une ligne au point P';
la rencontre de cette ligne avec celles menées des points 2, 3,
4, 5, etc., au point P, donne de nouveaux arbres ; on doit en

obtenir autant qu'on en avait déjà. Il faut observer que cette opération se fait absolument de même que lorsqu'on a voulu placer les troisième, quatrième arbres, etc., etc., et qu'on pourrait prolonger par ce moyen la rangée d'arbres aussi loin que possible.

Remarque. La ligne verticale passant par le point P se nomme *verticale principale.*

Pour mettre un toit ou plan incliné en perspective.

FIG. 38. Soit donnée la ligne d'inclinaison AL qui est vue géométralement ainsi que la profondeur du toit au point K ; mener la ligne L, N parallèle perspective à A K, c'est-à-dire tendant au même point, au point P ; mener la ligne K N parallèle géométralement à A L, et le toit est terminé ; la ligne U U' de la base de la cheminée est parallèle géométrale à l'inclinaison du toit ou à la ligne AL, etc.

Pour placer une porte au milieu d'un mur fuyant.

FIG. 38. Mener les diagonales X E B C ; elles donnent le milieu au point O ; placer un des côtés de la porte G M. Il faut que l'autre côté de la porte soit autant éloigné du point O que le côté G M ; pour cela, du point G, rencontre du côté G M avec une diagonale du mur, mener une ligne au point P ; sa rencontre avec l'autre diagonale donnera le point H, par lequel point on mènera l'autre côté de la porte H R. Le haut de la porte n'a pas besoin d'être juste à la ligne G H ; il peut être plus haut ou plus bas, tel qu'en I ; il va tendre au point P, etc.

Pour trouver un rectangle égal à un rectangle donné et se touchant par l'un de leurs côtés.

Même figure. Soit donnée une fenêtre de face JJ'Q ; on propose de trouver un volet égal à son ouverture. Diviser JJ' en deux parties égales, ce qui donne le point J'' ; du point Q et par le point J'' faire passer une ligne qui donne le point S ; la grandeur de SJ est égale à J'Q.

Même figure. Soit donnée une fenêtre vue en fuite VV'Y ; on propose de trouver un volet aussi vu en fuite, égal à l'ouverture de cette fenêtre. Diviser VV' en deux parties égales, ce qui donne le point V'' ; du point Y et par le point V'' faire passer une ligne qui donne Z à la rencontre de PV prolongé. La grandeur ZV est perspectivement égale à V'Y.

Pour placer des édifices sur un terrain montant.

Fig. 39. Il faut d'abord trouver le point de fuite de ce terrain, ce qui s'obtient par la rencontre de deux lignes parallèles fuyantes suivant la pente du terrain. Ces lignes servent ordinairement de base à des fabriques ; elles sont données à volonté, si l'on compose, ou bien trouvées exactement, si l'on dessine d'après nature. Les lignes AB, CE, sont tracées pour lignes fuyantes des bases de deux édifices placés parallèlement ; ces lignes sont par conséquent parallèles.

Pour trouver le point de fuite des terrains, il faut tout simplement les prolonger ; leur rencontre donnera le point demandé, qui doit se trouver juste au-dessus du point de fuite principal, je le nomme *point sur-horizontal* et je le désigne par P′ ; les lignes fuyantes de base des édifices rectangulaires ayant une face de front, devront aller tendre à ce point, tandis que toutes les lignes horizontales fuyantes, telles que celles des corniches, du sommet et de la base des fenêtres, etc., vont tendre au point de fuite principal P.

Ainsi, je dis que les lignes parallèles fuyantes suivant la pente d'un plan incliné montant, iront se réunir à un point de fuite qui sera au-dessus de l'horizon. Plus le plan incliné sera rapide comme pente, c'est-à-dire s'éloignera du plan horizontal, plus le point sur-horizontal sera élevé. L'inverse pour un plan descendant ; plus sa pente s'éloignera du plan horizontal, plus le point *sous-horizontal* sera bas, et par conséquent éloigné de l'horizon.

Remarque. — Si du point sur-horizontal on abaisse une verticale, elle doit passer par le point P, parce que les lignes AB et CE font angle droit avec les lignes horizontales.

Pour établir un toit incliné vu en fuite, le pignon sur lequel il est appuyé est de forme triangulaire ou en fronton.

Fig. 39. Soit donné la face ou pignon fuyant RUZA ; obtenir le milieu O par la rencontre des diagonales. Du point O élever une verticale et prendre à volonté dessus le point H pour sommet ou arête supérieure du toit, joindre les points U H Z, ce qui forme le fronton, prolonger la ligne fuyante UH, jusqu'à la rencontre de la verticale principale, ce qui donne le point sur-horizontal

P'' ou point de fuite du toit, la ligne **NM** qui termine le toit et
IJ, base de la cheminée, doivent tendre à ce point, etc.

CINQUIÈME PLANCHE.

DE LA POSITION ACCIDENTELLE.

*Premier cas : les lignes parallèles fuyantes vont se réunir
aux points de distance.*

J'ai dit précédemment : toutes les lignes horizontales ou parallèles à l'horizon restent horizontales; celles qui font angle
droit avec les horizontales vont se réunir au point de fuite
principal; et toutes celles qui font angle demi-droit avec les
horizontales vont concourir aux points de distance, à droite ou
à gauche suivant leur placement. Je conclus de cette dernière
position, que deux lignes droites qui font angle et concourent
à deux points de distance opposés forment un angle droit.
Lorsque les côtés des objets rectangulaires ont cette direction,
ces corps sont dits *vus accidentellement*, *vus d'angle*.

Pour déterminer un carré vu d'angle.

Fig. 40. Soit A le sommet de l'angle le plus près de la base;
de ce point, mener des lignes aux points D D'; elles forment
un angle droit; déterminer à volonté la longueur d'un des côtés
du carré au point B; et de ce point, mener une horizontale :
elle détermine le second côté au point E. La ligne BE est l'une
des diagonales de ce carré : effectivement, elle doit être horizontale. Pour l'autre moitié du carré, des points B, E mener
des droites aux points D D', et de manière qu'elles se croisent.
Elles détermineront l'angle le plus éloigné au point G, et com-
plèteront le carré.

Remarque. Joignant les points AG par une droite, elle devra
concourir au point P. Effectivement, cette ligne étant la seconde diagonale du carré, elle doit former angle droit avec la
première qui est horizontale.

*Par un point donné, déterminer un angle droit vu d'angle,
opérant avec une fraction de la distance.*

Fig. 40. Du point donné A, mener une ligne au point P;

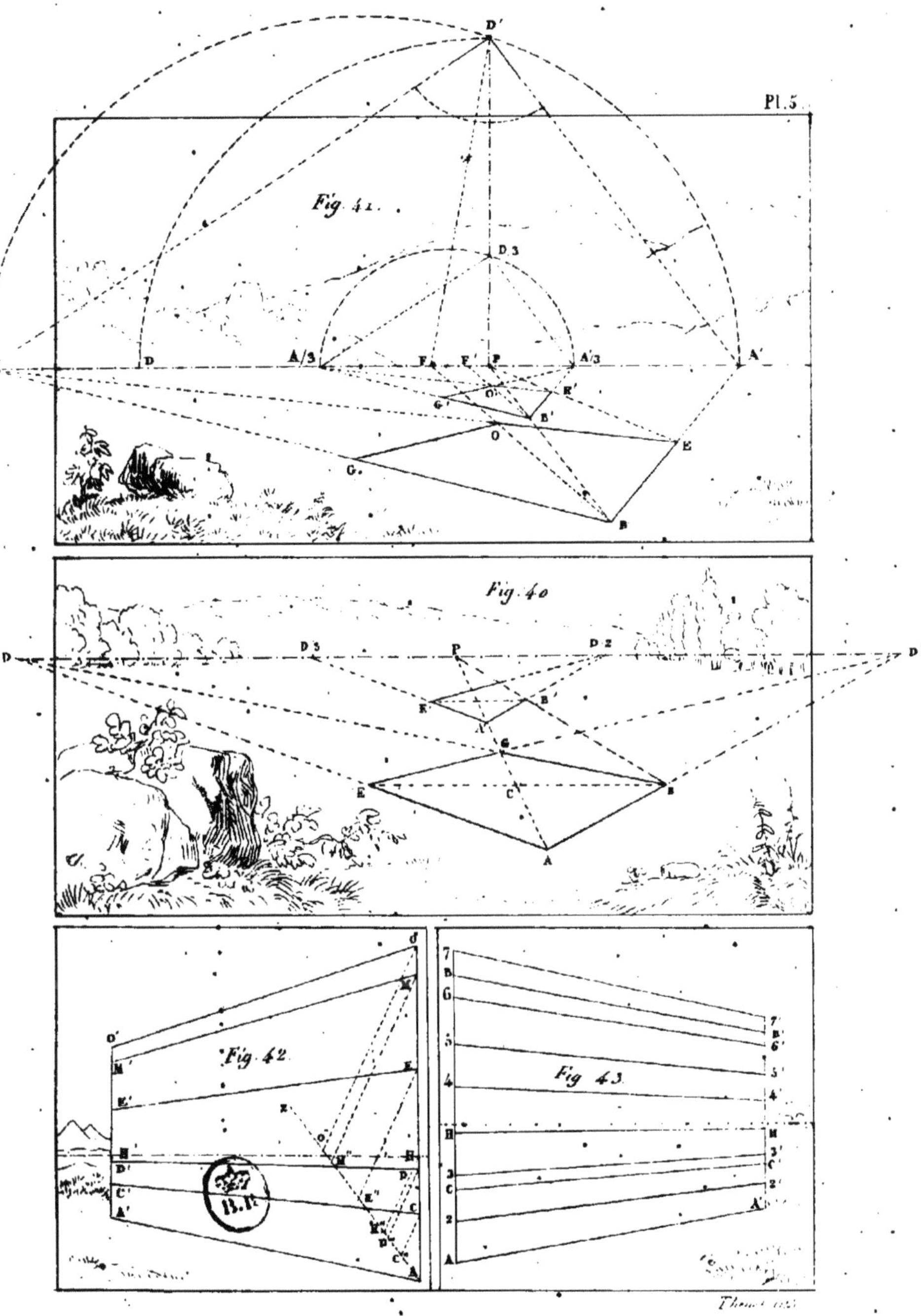
Pl.5
Fig. 41.
D'
D 3
D A/3 F A F' P A/3 A'
G' O' E'
B'
O
G E
C
B
Fig. 40
D D 3 P D 2 D'
F B
A
G
E C B
A
Fig. 42
d'
x
D'
M
E' E
H' O' H' H
D' D
C' C
A' A
E''
K' C
B' C'
A
Fig. 43
7
B
G
5 7'
4 B' 6'
5'
H H' 4'
D' H''
3 3'
C 2'
2 A'
A

diviser cette ligne en trois parties égales, parce que l'on a là
D/3, et l'on obtient le point A′. De ce point, mener des lignes
aux points de distance, et du point A des parallèles à ces lignes,
ce qui détermine la direction des lignes AB, AE.

Remarque. Les lignes AB, AE prolongées, doivent aller
tendre anx points D, D′.

Si l'on voulait terminer le carré, il faudrait de B mener une
ligne en P, ce qui donnerait B′ à la rencontre de A′ D′/3 ; de
E′, mener une ligne en D′/3, et de E une parallèle à cette ligne,
et on obtiendra G, sommet de l'angle le plus éloigné du carré ;
puis il faudrait joindre les points B G, etc.

*Second cas accidentel : les lignes fuyantes des faces fuyantes des
objets rectangulaires, ne vont se réunir ni au point principal P,
ni au point de distance, mais à des points sur l'horizon que
l'on nomme points accidentels.*

Fig. 41. Soit donnée la ligne BG qui tend à un point accidentel ; on propose de mener une seconde ligne qui fasse angle
droit perspectif avec cette première ; prolonger BG jusqu'à
l'horizon, ce qui donne le point A ; joindre ce point avec le
point D′ ou *point de distance reporté sur l'horizon,* puis mener
la ligne D′ A′ faisant angle droit géométral avec D′ A, ce qui
détermine le point A′ ; joindre A′ B par une droite, qui fait
angle droit perspectif avec BG.

Principe. AD′ représente géométralement la ligne BGA ;
A′D′ représente BEA′, et comme AD′A′ forme un angle droit,
il faut nécessairement que GBE soit un angle droit ; et en plus,
si la ligne D′F divise l'angle AD′A′ en deux angles égaux, la
ligne BF divise GBE en deux angles égaux.

*On propose de déterminer un carré vu accidentellement, une de
ces lignes étant déterminée ; et la direction d'une autre étant
donnée, trouver la distance. Le point P est déterminé.*

Fig. 41. Prolonger les lignes BG, BE, jusqu'à l'horizon, ce
qui détermine les points accidentels A, A′ ; diviser en deux l'é-
cartement qui existe entre les deux points accidentels AA′, ce
qui donne C ; de ce point, comme centre, et d'un rayon égal
à CA, décrire un demi-cercle jusqu'en A′ ; si alors de P on
élève la verticale principale, sa rencontre avec ce demi-cercle

déterminera le point de distance D′ ; joignant les points AD′A′ par deux droites, elles doivent être perpendiculaires l'une à l'autre; divisant l'angle AD′A′ en deux, on obtient la ligne D′F. Joignant FB, on obtient une ligne qui divise l'angle droit GBE en deux angles égaux. En plus, cette ligne doit être une des diagonales du carré. Comme la ligne BG a sa longueur déterminée, de son extrémité G mener une ligne au point A′ ; la rencontre de cette ligne avec la ligne diagonale BF donne le point O, sommet de l'angle le plus éloigné du carré ; du point A et par O faire passer une ligne jusqu'à la rencontre de BA′, ce qui détermine le point E et termine le carré accidentel.

Remarque. Ce carré étant vu tout-à-fait irrégulièrement, ni ses côtés ni ses diagonales ne doivent tendre aux points de distance, ni au point P, ni être horizontaux.

Même proposition, mais opérant avec fraction de la distance afin de suppléer aux points de fuite accidentels qui se trouvent hors le tableau.

Fig. 41. Soit donnée la ligne B E et la direction de la ligne B G ; du point B mener une ligne au point P ; diviser cette ligne en trois, ce qui donne B′ ; de ce point mener des parallèles à B G, B E, ce qui donne les points A/3, A′/3 ; l'écartement de ces deux points servant de diamètre, décrire un demi-cercle A/3, D′/3, A′/3. Ce demi-cercle détermine le tiers de la distance à sa rencontre avec la verticale principale. Joindre les points A/3, D′/3, A′/3, par deux droites qui doivent former angle droit; diviser cet angle en deux par une ligne D′/3, F′, puis joindre le point F′ avec le point B′ ; et du point B correspondant, mener une parallèle à cette ligne. Pour obtenir la ligne E O ; de E mener une ligne au point P, ce qui détermine E′ à la rencontre de B′ A′/3 ; de E′, mener une ligne en A/3, et de E une parallèle; elle donne O à la rencontre de BF. Pour terminer le carré, de A′/3 et par O′, faire passer une ligne O′ G′, et du point O mener une parallèle OG; elle termine le carré.

Remarque. Si un seul côté B E était donné, il faudrait avoir la distance : supposons-la D′/3 ; de B mener une ligne en P ; diviser cette ligne en trois, ce qui donne B′ ; de ce point mener B′ A′/3 parallèle à B E, ce qui donne le point A′/3 ; le joindre avec D'/3, et mener D'/3 A/3 perpendiculaire à A'/3 D'/3, ce qui donne le point A/3, puis continuer le carré absolument comme il vient d'être dit.

Par un point donné mener des parallèles fuyantes à une ligne accidentelle donnée.

FIG. 42. Soit donnée la ligne fuyante AA', et les points C, D, E, M, O; du point A mener une ligne oblique AZ; prendre la grandeur A' H', écartement du point A' à l'horizon; et reporter cette grandeur sur la ligne oblique de A en H'', joindre ce dernier point avec l'horizon au point H par une droite H'' H; alors des points donnés C, D, E, M, O, menant des lignes parallèles à H'' H, elles donneront sur la ligne AZ les points C'', D'', E'', M'', O''; la grandeur A O'', doit être la grandeur de la ligne A'O'; donc reporter cette longueur de A' en O', reporter en même temps les points intermédiaires C', D', E' M' O', puis les joindre avec C, D, E, M, O, ce qui forme les parallèles fuyantes demandées.

Même proposition. Autre moyen.

FIG. 43. Soit donnée la ligne AA' et l'horizon HH'; diviser en trois les grandeurs AH, A'H' ce qui donne les points 2, 3, 2', 3'; si l'on joint ces points par des droites, elles seront des parallèles fuyantes à la ligne donnée AA'; en plus si l'on prend la grandeur 3 H et qu'on la reporte de A en 4, en 5, 6, 7; etc., que de même on prenne la grandeur 3'H', et on la reporte de H' en 4', 5', 6', 7', etc., on obtiendra, en joignant les points correspondants, les lignes 4,4'; 5,5' etc., qui seront aussi des lignes parallèles fuyantes à la ligne donnée AA'. Pour toute ligne intermédiaire à ces lignes que l'on voudrait tracer régulièrement, cela est très facile; voici comme il faut faire : *Pour mener une ligne du point B,* l'on remarque que le point B est juste au milieu de la division 6,7; alors divisant 6',7', en deux, on obtient le point B' correspondant au point B; joindre ces points. Le point C est au tiers de la division 3,2 prendre le point C'; au tiers de la grandeur 3', 2', etc.

SIXIÈME PLANCHE.

Pour construire une suite de demi-cercles vus de front.

Fig. 44. Le premier étant décrit, A B étant son diamètre, des points A B mener des lignes au point P ; prendre à volonté le point E. AE est l'écartement des deux demi-cercles. Du point E mener une horizontale EH, qui sera le diamètre du second demi-cercle. Du point C, centre du premier demi-cercle, mener une ligne au point P : cette ligne donnera le centre de tous les autres demi-cercles ; par conséquent elle donne le point G. De ce point, comme centre, et d'un rayon égal à G H, décrire le second demi-cercle. Pour obtenir le troisième, du point B et par le point G, faisant passer une ligne, sa rencontre avec A P donnera le point J. JE est égal à E A. Cette opération peut servir toutes les fois que l'on voudra trouver une grandeur égale à une grandeur donnée, ces grandeurs se touchant. (J'ai donné cette opération pl. 4, fig. 38.) Du point J mener une horizontale JK, qui est le diamètre du troisième demi-cercle ; le point I est le centre, etc. ; du point H et par le point I, faisant passer une ligne, elle donne le point O ; mener la ligne horizontale O N, etc. Par ce moyen on obtiendra tant de demi-cercles que l'on voudra.

Pour tracer perspectivement la circonférence d'un demi-cercle vertical et fuyant.

Fig. 45 et 46. Il faut suivre en même temps l'opération sur ces deux figures ; l'une est le géométral de l'autre ; les points correspondants sont marqués des mêmes lettres. Il faut déterminer AB égal à deux fois AE, ce qui s'obtient par le point B pris à volonté, ou, si l'on a la distance, en menant du point A une ligne à la D/2 reporté sur la verticale principale. Effectivement, si nous observons la fig. 46, nous trouvons que ce demi-cercle géométral est contenu dans deux carrés placés près l'un de l'autre et ayant un côté commun ; que le point 3′, point le plus élevé de la circonférence, est verticalement au-dessus du point X′, intersection des diagonales ; que si l'on joint la rencontre de la circonférence avec les diagonales par une droite, elle coupera A′ E′, hauteur du demi-cercle. juste à son cinquième ; donc, fig. 45, il faut mener les diagonales AC, BE, et de leur

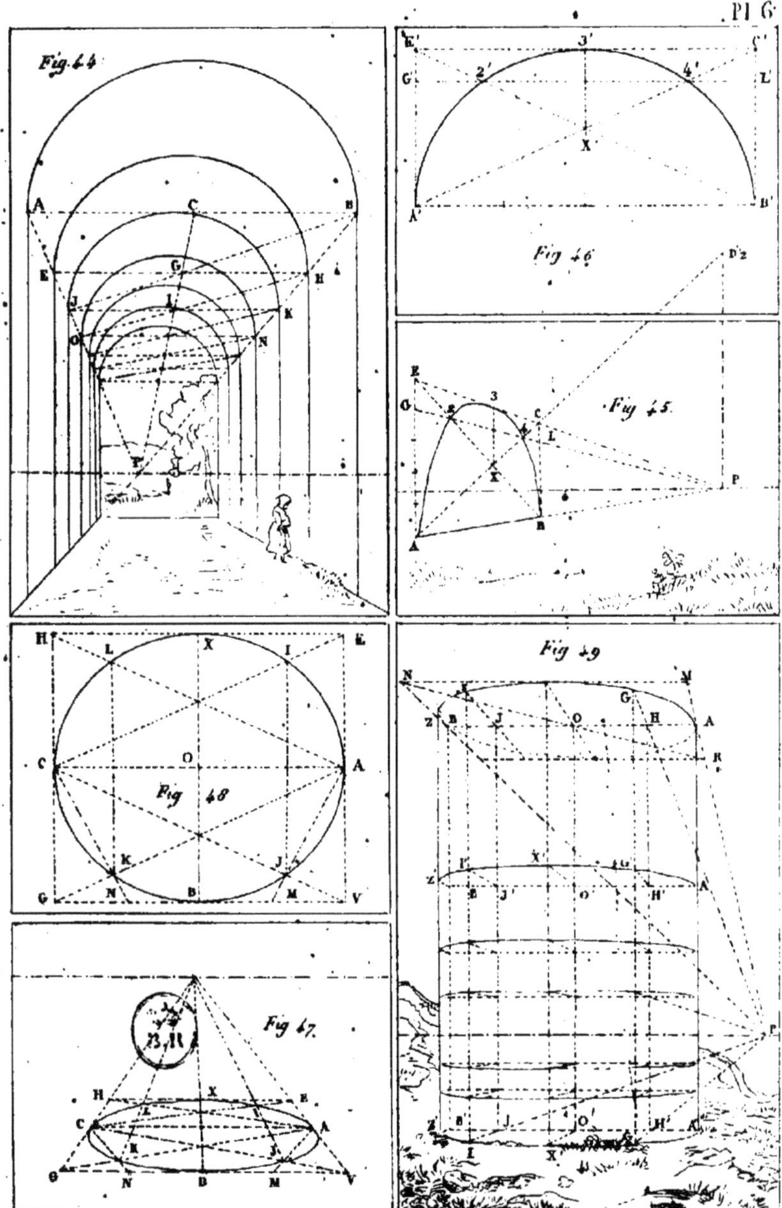

Fig. 44
Fig. 46
Fig. 45
Fig. 48
Fig. 49
Fig. 47

rencontre X élever une verticale qui donne le point 3, point le plus élevé de la circonférence du demi-cercle ; puis diviser AE en cinq parties égales, ce qui donne G ; de ce point mener une ligne au point P, elle détermine à sa rencontre avec les diagonales les points 2, 4, pour le passage de la circonférence ; donc, faire passer la circonférence par les points A234B. Tous les demi-cercles fuyants s'obtiennent et se tracent par cette opération. Pour obteuir un grand sentiment de la forme apparente des cercles et demi-cercles fuyants suivant leur position par rapport à l'œil, j'engage à étudier cette partie importante dans mon ouvrage sur le dessin intitulé *Morphographie*.

Pour tracer un cercle fuyant.

Fig. 47 et 48. La fig. 48 est le géométral de la fig. 47 ; il est bon de suivre les opérations sur ces deux figures à la fois, afin de se rendre compte.

Former le carré V G H E ; mener ses diagonales pour obtenir le point O, centre ; par ce point mener les diamètres A C, BX, ce qui donne les points A, B, C, X ; ensuite mener les diagonales V C, G A, A H, C E ; diviser V G en quatre parties égales, ce qui donne les points M N ; mener les lignes M A, N C, et l'on obtient les points J, K à la rencontre des diagonales V C, G A. Des points J, K, mener des lignes au point P, ce qui donne les points I, L à la rencontre des diagonales C E, A H ; faire passer la courbe du cercle demandé par les points A, J, B, K, C, L, X, I, A.

Remarque. Pour tracer un cercle avec le plus de facilité possible, il faut commencer par les portions J B K, I X L, ensuite I A, L C, et terminer par la partie la plus difficile J A, K C. Il faut observer que cette dernière partie est très développée et paraît plus grande (quoiqu'elle ne le soit pas) que le diamètre A C. C'est au tracé de ces extrémités de cercle que l'on reconnaît si une personne a le sentiment de la perspective.

Pour établir une tour ronde.

Fig 49. Construire la circonférence du cercle supérieur de la tour par le moyen que j'ai donné fig. 47 ; puis, par les points extrêmes du cercle, abaisser des verticales, ce qui forme la masse de la tour.

*Par un point G' pris à volonté sur cette tour, on propose de mener
la circonférence d'un cercle.*

Du point G' élever une verticale jusqu'à la rencontre de la
courbe AXB, ce qui donne le point G ; de ce point mener une
ligne au point P, ce qui donne le point H à la rencontre du
diamètre A B ; du point H abaisser une verticale, et de G'
mener une ligne au point P, ce qui donne H' ; par ce point
mener A' B', qui sera le diamètre du cercle demandé. Prendre
à volonté sur le cercle A G B un point I ; de ce point mener
une ligne au point P, ce qui donne J à la rencontre du diamètre
A B ; du point J abaisser une verticale qui donne J' à la rencontre du diamètre A' B' ; du point P et par le point J' faire
passer une ligne jusqu'à la rencontre d'une verticale abaissée
du point I, ce qui donne le point I', point de la courbe demandée. Obtenir de même plusieurs points pour tracer la
courbe demandée.

Par ce moyen on pourra tracer sur cette tour autant de cercles que l'on voudra.

Remarque. Dans une tour ronde, c'est toujours le cercle le
plus éloigné de l'horizon qui détermine l'effet gracieux que
produit cette tour ; par conséquent on doit l'établir le premier.

Pour déterminer la distance d'une tour ronde.

Fig. 49. Si l'on avait perdu la distance et que l'on voulût la
retrouver, ou bien si on avait dessiné d'après nature le cercle
supérieur de la tour, et qu'ensuite on désirât trouver la distance, il faudrait circonscrire un carré autour du cercle A X B ;
pour cet effet, du point P et par les points A B faire passer
des lignes indéfinies ; mener la ligne MN tangente au cercle ;
du point N et par le point O, milieu de AB, faire passer une
ligne jusqu'à la rencontre de la ligne M P, ce qui donnerait le
point R ; mener la ligne RT, qui terminerait le carré M R T N ;
puis chercher la distance comme à la pl. 3, fig. 31 et 34.

SEPTIÈME PLANCHE.
DE LA LUMIÈRE ET DES OMBRES.

On nomme *objet lumineux* ou *corps lumineux* celui qui envoie
directement la lumière à notre œil, comme le soleil, la lune,

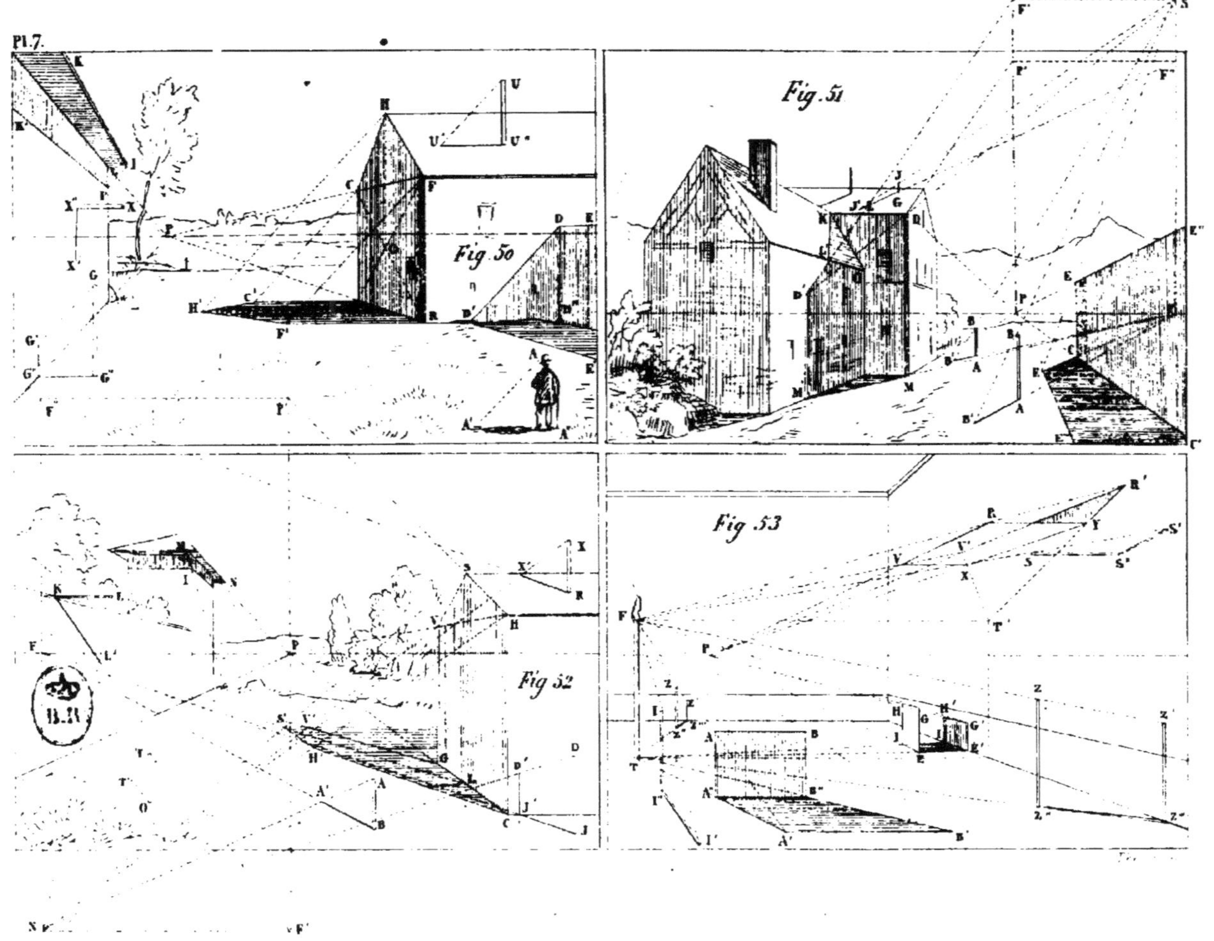

Pl. 7.
Fig. 50
Fig. 51
Fig. 52
Fig. 53
B.R.

une flamme ; sa lumière s'appelle *lumière directe* ou *primitive*.

La lumière se propage toujours en ligne droite ; elle est lancée du corps lumineux dans tous les sens par d'innombrables rayons dont l'ensemble occupe entièrement l'espace, si aucun corps ne s'offre pour les arrêter dans leur direction. Mais si ces rayons de lumière rencontrent un corps opaque, c'est-à-dire qui ne leur soit pas pénétrable, ils ne pourront s'étendre au-delà de ce corps ; par conséquent l'interposition de ce corps privera de la lumière primitive la partie de l'espace qui se trouve directement derrière lui.

Tout corps opaque recevant la lumière directe doit se composer de deux parties très distinctes ; d'abord, de la partie qui reçoit les rayons de lumière, et que l'on nomme *partie dans la lumière* ou *partie éclairée*, puis de la partie qui ne peut pas être touchée par ces mêmes rayons, et qui se désigne par *partie privée de la lumière* ou *partie dans l'ombre*.

L'*ombre* ne peut donc exister que par privation de la lumière ; c'est la différence entre une partie éclairée et une qui ne l'est pas.

Il y a deux espèces d'ombre, savoir : l'ombre proprement dite, ou partie d'un corps qui est privé de lumière ; et l'ombre que projette un corps sur une surface quelconque ; cette dernière se nomme *ombre portée*.

Plan de projection. Cette dénomination s'applique à toute surface qui reçoit une ombre projetée ou ombre portée. Ce plan peut être horizontal, vertical, incliné.

D'après ce que je viens d'établir, on comprend que l'ombre produite par un corps est toujours directement opposée à la lumière qui l'a produite, qu'elle suit les mouvements du corps lumineux ; conséquemment, *la lumière, l'ombre portée et le corps qui la produit sont en ligne droite*.

La détermination des ombres comprend deux parties distinctes : l'une contient la forme exacte du contour des ombres ; l'autre est la recherche de l'intensité des teintes à attribuer à chaque partie des surfaces qui reçoivent les ombres.

DES OMBRES PORTÉES PAR LE SOLEIL OU PAR LA LUNE.

Les rayons du soleil et de la lune sont considérés comme parallèles entre eux, à cause de la distance immense de l'astre.

Le soleil ou la lune peuvent être placés de trois manières différentes par rapport à nous ou par rapport aux objets. Comme la position et les opérations sont absolument les mêmes pour le soleil et pour la lune, je ne parlerai que du soleil.

Le soleil peut être placé de trois manières différentes. 1° Il peut se trouver à droite ou à gauche du spectateur et des objets à une distance infinie ; alors les rayons lumineux sont parallèles aux surfaces de front ; ils se tracent parallèles géométralement, et sont plus ou moins inclinés suivant la hauteur de l'astre. 2° Le soleil peut être derrière le tableau, ou plus ou moins directement devant le spectateur ; les rayons solaires se trouvent parallèles fuyants, et comme tels doivent se réunir à un point de fuite qui est le centre de l'astre. 3° Le soleil peut enfin être situé en avant du tableau plus ou moins directement derrière le spectateur : dans ce dernier cas, les rayons solaires se trouvent encore parallèles fuyants , leur point de fuite est devant le spectateur, autant au-dessous de l'horizon que le soleil est au-dessus.

LE SOLEIL ÉTANT DANS LE PLAN DU TABLEAU.

Fig. 50. *Principe.* Dans ce premier cas, l'ombre d'une ligne verticale sur un plan horizontal est une ligne parallèle à l'horizon ; la longueur de cette ombre est déterminée par le rayon lumineux qui du centre de l'astre passe par le sommet de cette verticale. Tous les rayons lumineux se mènent parallèles avec la règle et l'équerre. Ces rayons sont plus ou moins inclinés suivant la hauteur de l'astre.

Pour déterminer l'ombre portée d'un mur fuyant sur le terrain perspectif, celle d'une figure humaine étant déterminée d'après nature ou placée à volonté.

Soit A″ A′ la longueur de l'ombre de la figure ; il faut joindre les points A′ A par une droite qui est censée passer par le contre du soleil, tous les rayons solaires doivent être menés parallèles à cette ligne. Du point D″ mener une horizontale indéfinie, et du point D une parallèle à AA′ ; la rencontre de ces lignes donne le point D′, ce point est l'ombre du point D, et la ligne D″D′ est l'ombre de la ligne D″D. Comme la ligne

DE tend à un point de l'horizon, au point P, par exemple, de ce point P et par le point D′ faire passer une ligne D′E′ ; cette ligne sera l'ombre de la ligne DE.

Principe. Toute ligne fuyante placée horizontalement a pour ombre portée sur le terrain horizontal une ligne fuyante tendant au même point qu'elle.

Pour déterminer l'ombre portée de la face fuyante RFHCN qui est terminé par un toit qui a la forme d'un fronton.

Du point H abaisser une verticale qui donne le point M ; ensuite des points R,M,N, mener des horizontales, et par les points FHC des parallèles au rayon solaire AA′, ce qui donne les points F′H′C′, et l'on aura RF′H′C′N, ombre portée de RFHCN.

Pour déterminer l'ombre portée d'un bâton vertical sur un toit ou plan incliné.

Soit le bâton UU″ qui porte ombre sur le toit.

Du point U″ mener une horizontale, et du point U une parallèle au rayon solaire, ce qui détermine l'ombre portée.

Pour déterminer l'ombre portée d'un bâton horizontal sur un mur vertical.

Soit X″X le bâton horizontal ; du point X″ abaisser une verticale indéfinie, et du point X faire passer une ligne parallèle au rayon solaire, ce qui donne le point X′ et détermine l'ombre portée XX′.

Pour déterminer l'ombre portée d'une avance horizontale ou corniche sur un mur vertical.

Si cette avance n'allait pas jusqu'au bout du mur, il faudrait du point L abaisser une verticale, et de I mener I, I′ parallèle à AA′ ; du point P et par le point I faire passer une ligne I′K′ : cette ligne est l'ombre de la ligne IK.

Pour déterminer l'ombre portée d'un bâton GG″.

Du point G″ mener une horizontale, ce qui donne G‴ à la rencontre de la base du mur ; de ce point élever une verticale, et du point G mener une parallèle à AA′, ce qui donne G′ ; G″G‴ G′ est la grandeur de l'ombre du bâton GG″.

LE SOLEIL EST DEVANT LE SPECTATEUR.

Lorsque le soleil est devant le spectateur, ou, ce qui revient au même, derrière les objets, les rayons solaires se trouvent parallèles fuyants, et comme tels doivent se réunir au centre de l'astre.

Pour déterminer l'ombre portée d'une ligne verticale sur un plan horizontal.

Fig. 51. *Principes.* L'ombre portée d'une ligne verticale sur un plan horizontal est une ligne droite; sa position est d'être horizontalement; sa direction dépend de la place qu'occupe l'astre. J'ai dit : le soleil, le corps solide et son ombre portée sont toujours en ligne droite; mais le soleil est dans l'espace au-dessus de l'horizon, et l'ombre portée glisse, se projette sur un plan horizontal, il faut donc trouver un point qui serve à déterminer la direction de l'ombre portée d'après la place où se trouve le soleil. Un rayon solaire partant du centre de l'astre et passant par le sommet de la ligne verticale donnée, détermine à sa rencontre avec le plan horizontal la longueur de l'ombre portée; mais pour déterminer juste ce point de rencontre, il faut faire passer par le pied de la ligne verticale donnée une ligne droite qui en sera l'ombre portée, et comme telle glissera, se projettera sur le terrain perspectif dans la direction du soleil. Cette ligne, qui est fuyante, étant prolongée, va tendre à l'horizon à un point de fuite qui doit être en harmonie avec le soleil afin d'agir de concert avec lui; or, ce point de fuite servant à déterminer la direction, ne peut se trouver autre part que verticalement dessous le centre de l'astre. *Donc le point de fuite des ombres portées par les lignes verticales sur un terrain horizontal doit être à l'horizon verticalement dessous le centre du soleil.*

Soit AB la ligne verticale donnée, le point S est le centre du soleil; du point S abaisser une verticale sur l'horizon, ce qui donne le point F, point de fuite des ombres portées par les lignes verticales sur le terrain perspectif horizontal; du point F et par le point A faire passer une ligne, et du point S et par le point B une autre qui détermine à leur rencontre la longueur de l'ombre portée au point B'. Obtenir de même l'ombre portée de toutes les lignes verticales.

*Pour déterminer l'ombre portée par un mur vertical fuyant
sur un plan horizontal.*

Soit E'ECC' le mur donné, il va tendre à un point quelconque à l'horizon ; chercher, comme il vient d'être dit, l'ombre portée par la verticale EC, ce qui donne la ligne CE″ ; ceci obtenu, remarquer que la ligne supérieure du mur EE′ est fuyante, et comme telle va tendre à un point quelconque de l'horizon. Or, son ombre portée doit concourir au même point qu'elle ; donc, comme E′E tend au point P, il faut de ce point et par E″, ombre portée de E, faire passer une ligne E″E‴ jusqu'au bord du tableau ; cette ligne sera l'ombre portée de EE′, et C′CE″E‴ est l'ombre portée de C′CEE′ ; obtenir de même l'ombre portée par tous murs ou surface fuyante.

Principe. L'ombre portée par une ligne horizontale est une ligne horizontale ; donc l'ombre portée par une surface verticale vue de front se compose de l'ombre portée de ses lignes verticales représentées par des lignes fuyantes, qui se dirige horizontalement dans la direction du soleil, puis de l'ombre portée de sa ligne supérieure qui est horizontale.

*Pour déterminer l'ombre portée par un mur, ou surface verticale
vue de front, sur la face fuyante et sur le toit d'une fabrique
qui lui est adossée.*

Du point F, point de fuite des ombres portées par les lignes verticales sur le terrain horizontal, et par le point M faire passer une ligne jusqu'à la rencontre de la ligne de base du mur fuyant, ce qui donne M′ ; de ce point élever une verticale indéfinie ; puis de S, centre du soleil, et par le point D, mener une ligne qui donne D′ à sa rencontre avec la verticale élevée de M′ ; MM′D′ est l'ombre portée de MD. Pour obtenir l'ombre portée par la ligne horizontale DK, il faut prolonger la verticale O′O″ jusqu'à la rencontre de DK, ce qui donne le point L ; joindre ce point D′ par une droite qui doit glisser sur le mur fuyant, et qui, étant prolongé, doit rencontrer la verticale principale en F′ juste à la hauteur du soleil. Pour continuer d'obtenir l'ombre portée et la déterminer sur le toit, il faut joindre les points LK par une droite, qui est le complément de l'ombre portée, etc., etc.

Pour déterminer l'ombre portée d'une ligne verticale G J
sur le toit duquel elle s'élève.

De P′, point de fuite du toit, mener une horizontale jusqu'à
la rencontre de la verticale abaissée du soleil, ce qui donne F″,
point de fuite de l'ombre portée par les verticales sur le toit.
Du point de fuite F″, et par le point G, faire passer une ligne
indéfinie puis du point S, et par J une ligne qui détermine J′,
longueur de l'ombre.

LE SOLEIL EST EN AVANT DES SOLIDES, OU PLUS OU MOINS DERRIÈRE LE SPECTATEUR.

Lorsque le soleil est ainsi placé, ses rayons sont, comme dans
le cas précédent, parallèles fuyants, et comme tels ils doivent
se réunir en un point qui est devant le dessinateur, autant au-
dessous de l'horizon que le soleil en est au-dessus. Je marque
ce point par N, et je le nomme *point de fuite des rayons solaires.*

*Pour déterminer l'ombre portée d'une ligne verticale sur un
plan horizontal.*

Fig. 52. *Principe.* J'ai dit que l'ombre portée d'une ligne verticale sur un plan horizontal est une ligne droite; sa position
est d'être horizontalement; sa direction dépend de la place
qu'occupe l'astre, etc., etc.

Lorsque le soleil est placé derrière le dessinateur, celui-ci
doit voir les solides éclairés de manière à offrir peu d'ombre;
les ombres portées doivent s'éloigner de lui; celles produites
par les lignes verticales concourent, comme parallèle fuyante, à
un point de fuite situé à l'horizon.

Soit donnée la ligne verticale OT et son ombre portée OT′;
si l'on prolonge cette ombre portée, sa rencontre avec l'horizon
déterminera le point de fuite F des ombres portées par les lignes
verticales. Lorsque ce point est trouvé, on obtient le point de
fuite N des rayons solaires en abaissant une verticale du point
F, et faisant passer une ligne droite du point T, sommet de la
verticale, et par le point T′, extrémité de l'ombre portée.

Les points FN étant déterminés, trouver l'ombre portée de la
ligne verticale AB; du point B mener une ligne au point F, et

de A une autre ligne au point N ; leur rencontre détermine la longueur de cette ombre portée au point A′.

Pour déterminer l'ombre portée par la fabrique.

Chercher, par le moyen que je viens d'indiquer, l'ombre portée par les lignes CH, GV, ce qui donne les points H′ V′ ; joindre ces points par une droite qui doit être parallèle fuyante à la ligne HV, et par conséquent concourir au même point de fuite. Ainsi CH′V′G est l'ombre portée par la face fuyante CHVG. Pour trouver l'ombre portée du point S, sommet du triangle ; de ce point abaisser une verticale jusqu'à la rencontre CG de la ligne de base de la surface fuyante, et chercher l'ombre portée de cette verticale, ce qui donne S′. Comme le point V′ est plus près de l'horizon que le point S′, il en résulte que c'est la ligne horizontale qui part de V′, qui porte ombre : il faut donc de ce point V′ mener une ligne parallèle fuyante à la ligne d'horizon.

Pour déterminer sur un plan horizontal et sur un vertical l'ombre portée par une ligne verticale.

Soit DJ la ligne donnée ; de J mener une ligne en F et de D une en N ; comme le mur les empêche de se rencontrer, il faut de J′, base du mur, élever une verticale qui donne D′ ; JJ′D′ est l'ombre demandée.

Pour déterminer l'ombre portée par une ligne horizontale sur un plan vertical fuyant.

Soit KL la ligne donnée ; il faut du point de fuite du mur abaisser une verticale, et de N mener une horizontale, ce qui donne le point F. L'ombre portée KL′ doit tendre à ce point, et une ligne menée de L en N sert à déterminer sa longueur.

Remarque. C'est toujours du point de fuite du mur qu'il faut abaisser la verticale, n'importe que ce soit le point de fuite principal, de distance, ou accidentel, etc.

Pour déterminer l'ombre portée par une avance horizontale sur une tour rectangulaire.

Il faut prolonger la ligne NM jusqu'au bord de l'avance M, puis de ce point mener une ligne au point F′ ; ce qui donne le point I à la rencontre de la ligne d'arête de la tour ; de I mener une horizontale et une ligne au point de fuite de la tour.

Pour déterminer sur un toit ou plan incliné l'ombre portée par une ligne verticale.

Soit XR la ligne donnée, du point P', point de fuite du toit, mener une horizontale jusqu'à la rencontre de la verticale élevée du point N, ce qui donne le point F″, point de fuite des ombres portées par les lignes verticales sur le toit ; donc de R mener une ligne en F″, et de X une ligne au point N, et l'on a l'ombre portée RX', etc.

DES OMBRES PORTÉES PAR LES LUMIÈRES ARTIFICIELLES.

Le corps lumineux des *lumières artificielles* étant presque toujours plus petit que les objets éclairés, et se trouvant ordinairement très près de ces objets, *les rayons arrivent divergents entre eux*, ce qui produit des ombres d'autant plus divergentes que le corps lumineux est plus petit et plus près de ces mêmes objets.

Pour déterminer l'ombre portée produite par des lumières artificielles, il faut deux points ; l'un est le foyer de la lumière, et l'autre le pied d'une perpendiculaire menée de la lumière sur le plan de l'objet qui reçoit l'ombre. Ce point se nomme *pied de la perpendiculaire abaissée de la lumière sur un plan ;* il détermine la direction des ombres portées sur ce plan.

Pour déterminer l'ombre portée d'un bâton placé verticalement.

Fig. 53. Soit donné le bâton I I″ et le foyer de la lumière en F. Comme le bâton I I″ est fiché dans le parquet, il faut que l'ombre portée de ce bâton soit sur ce parquet. Pour l'obtenir, on détermine d'abord le point pied de la perpendiculaire abaissée de la lumière ; ce point est à la rencontre de la perpendiculaire abaissée du foyer de la lumière et du parquet ; il est marqué par T. De ce point et par le point I″, pied du bâton, ou, pour mieux dire, sa rencontre avec le parquet, faire passer une ligne indéfinie : cette ligne détermine la direction de l'ombre portée. Pour obtenir la longueur de cette ombre, il suffit de faire passer une ligne droite du point F, foyer de la lumière,

et par le point I, sommet du bâton, et la prolonger jusqu'à celle de direction.

Pour déterminer l'ombre portée d'une planche placée verticalement, et vue de front.

Soit A B B″ A″ cette planche ; il faut trouver l'ombre portée de la ligne A A″, ce qui donne la ligne A″ A′, puis l'ombre portée de la ligne B B″, ce qui donne la ligne B″ B′; puis joindre les points A′ B′ par une droite, ce qui terminera l'ombre de la planche.

Remarque. Les lignes A″ A′, B″ B′ sont divergentes et tendent au point T, la ligne A′ B′ est horizontale de même que la ligne A B.

Principe. L'ombre portée d'une ligne horizontale sur un plan horizontal est une ligne horizontale.

Pour déterminer l'ombre portée d'un bâton vertical Z Z″.

Du point T et par le point Z″ faire passer une ligne qui donne Z‴ à la rencontre de l'arête du mur. De ce point élever une verticale jusqu'à la rencontre d'une ligne menée du point F et par le point Z, ce qui termine l'ombre portée au point Z′.

Principe. L'ombre portée d'une ligne verticale sur un plan horizontal est une ligne dirigée au pied de la perpendiculaire abaissée du foyer ; mais l'ombre portée d'une ligne verticale sur un plan vertical est une ligne verticale.

Pour déterminer l'ombre portée par une planche ou tableau EGHI.

Du point T et par les points EI faire passer des lignes qui donnent E′ I′; de ces points élever des verticales ; leur rencontre avec les lignes FG, FH, donne les points G′ H′ qu'il faut joindre par une droite, ce qui termine l'ombre portée.

Principe. L'ombre portée par une ligne tendant au point P sur une surface tendant au même point, doit être parallèle perspective à la ligne qui la produit, c'est-à-dire que l'ombre portée et la ligne qui la produit tendent toutes deux au point P.

Pour déterminer sur un mur fuyant l'ombre portée d'un bâton horizontal faisant angle droit avec ce mur.

Soit SS″ le bâton. Il faut trouver sur le mur fuyant le pied de la perpendiculaire de la lumière sur ce mur; pour cela du point T mener une horizontale jusqu'à l'arête du mur, ce qui donne le point C ; de ce point élever une verticale, et du point F, foyer, mener une horizontale. La rencontre de ces deux lignes donne le point T', point demandé. Il faut observer que ce point est juste en face du foyer de lumière et à la même hauteur.

Du point T' et par le point S″ faire passer une ligne droite qui sera la direction de l'ombre portée, puis du point F et par le point S mener une autre ligne qui rencontre celle de direction au point S' et la termine.

Pour déterminer l'ombre portée par la planche YRVX.

Il faut du point T″ et par les points YX faire passer des lignes jusqu'à la rencontre des lignes menées du point F et par les points RV, ce qui donne les points R'V' ; joindre ces points par une droite, etc. La ligne R' V' doit tendre au même point que RV.

DE LA VALEUR DES OMBRES ET DES REFLETS.

Plus une surface est éclairée, plus les ombres qui seront portées sur cette surface seront vigoureuses.

L'ombre étant la différence d'un corps éclairé à celui qui ne l'est pas, il résulte que si la partie de la surface qui est autour de l'ombre portée est très vigoureusement éclairée, il y a une plus grande différence entre la partie claire et l'ombre portée, ce qui la ferait paraître plus vigoureuse.

Moins une surface est eclairée, moins les ombres qui seront portées sur cette surface seront vigoureuses, par la raison inverse que je viens d'expliquer.

L'ombre portée est aussi d'autant plus prononcée que le corps qui la produit en est plus près.

Plus les rayons qui éclairent un objet approchent du moment où ils seront perpendiculaires à cet objet, plus cet objet est éclairé.

Plus les rayons arriveront sous un angle aigu glissant sur une surface, moins ils éclaireront cette surface.

Au soleil levant ou couchant, les ombres portées par les objets sur le terrain horizontal sont très faibles, les rayons solaires ne faisant que glisser sur ce terrain qui se trouve très peu éclairé ; ainsi la différence entre cette partie du terrain éclairée et de l'ombre portée est peu grande, ce qui est cause que l'ombre portée est peu vigoureuse ; mais les rayons solaires arrivent alors à peu près perpendiculairement sur les objets qui sont placés verticalement ; les ombres portées sur ces objets verticaux sont très vigoureuses, pourvu que le soleil ne soit pas tout-à-fait couchant ou levant ; car lorsqu'il est très près de l'horizon, les vapeurs terrestres lui font perdre sa force et sa clarté.

Plus le soleil approche du midi, plus les rayons se rapprochent de la perpendiculaire au terrain horizontal, plus ce terrain se trouve éclairé ; conséquemment, plus l'ombre portée sur ce terrain est vigoureuse.

Plus les rayons s'approchent de la perpendiculaire au terrain horizontal, plus ils s'éloignent de la perpendiculaire aux objets élevés verticalement, moins ces objets se trouvent éclairés, et moins les ombres portées dessus sont vigoureuses.

Les ombres portées sur le terrain horizontal par le soleil couchant ou levant sont très longues, et les ombres portées sur ce même terrain par le soleil approchant du midi sont très courtes.

Lorsque la lumière arrive sur un corps solide, ce corps la renvoie aux autres corps qui l'environnent ; alors ces corps sont dits *éclairés par reflet.*

La lumière est renvoyée avec d'autant plus de force que la surface qui la renvoie approchera le plus de la couleur blanche et qu'elle sera plus ou moins polie ; la lumière ainsi renvoyée se nomme *lumière de reflet.*

Plus une surface dans l'ombre sera directement devant et près de la surface éclairée et qui renvoie la lumière, plus elle en sera éclairée ; plus elle en sera éloignée, et moins elle pourra en recevoir la lumière et en être éclairée.

Lorsqu'une surface verticale est dans l'ombre, si le terrain sur lequel elle repose est éclairé, il en résulte que la base de cette surface sera plus reflétée que sa partie supérieure, par la raison que la base est plus près du terrain qui lui renvoie la lumière par reflet ; donc la base sera plus claire que le haut, mais la transition du plus clair au plus foncé sera imperceptible.

L'ombre portée sera toujours plus foncée que l'ombre proprement dite, toutes les fois que le corps qui produit l'ombre portée sera de même couleur que celui qui la reçoit.

HUITIÈME PLANCHE.

MIRAGE OU RÉPÉTITION PERSPECTIVE DES OBJETS SUR LES EAUX CALMES.

Les rayons de lumière qui frappent une surface polie sont réfléchis en faisant l'angle de réflexion égal à l'angle d'incidence.

La réflexion ou mirage est toujours égale à l'objet qui l'a pu produire.

Si une ligne tombe perpendiculairement sur la surface d'une eau calme, elle s'y réfléchira dans son prolongement, et la longueur de la réflexion sera égale à la grandeur de la ligne.

Les objets, en se réfléchissant, paraissent en sens contraire.

La réflexion d'une ligne horizontale sera une ligne horizontale.

La réflexion d'une ligne fuyante va tendre au même point que la ligne qu'elle réfléchit.

La réflexion est toujours géométralement égale à l'objet qui l'a pu produire.

Remarque. La réflexion d'une ligne fuyante paraît plus longue que la ligne qu'elle réfléchit, par la raison que la réflexion est toujours plus éloignée de l'horizon que la ligne qui la produit ; mais si l'on abaisse des verticales joignant les extrémités de la ligne réelle et de sa réflexion, l'on verra que l'une et l'autre sont contenues entre des parallèles ; donc elles sont de la même grandeur.

Pour déterminer la réflexion ou mirage d'une ligne droite qui est perpendiculaire à la surface de l'eau, cette eau étant parfaitement calme.

Fig. 54. Soit G G″ la ligne donnée ; prolonger cette ligne indéfiniment dans l'eau, puis prendre sa grandeur GG″ et la reporter de sa base G″, ou endroit qu'elle touche l'eau, jusqu'en G′ ; cette grandeur est la réflexion.

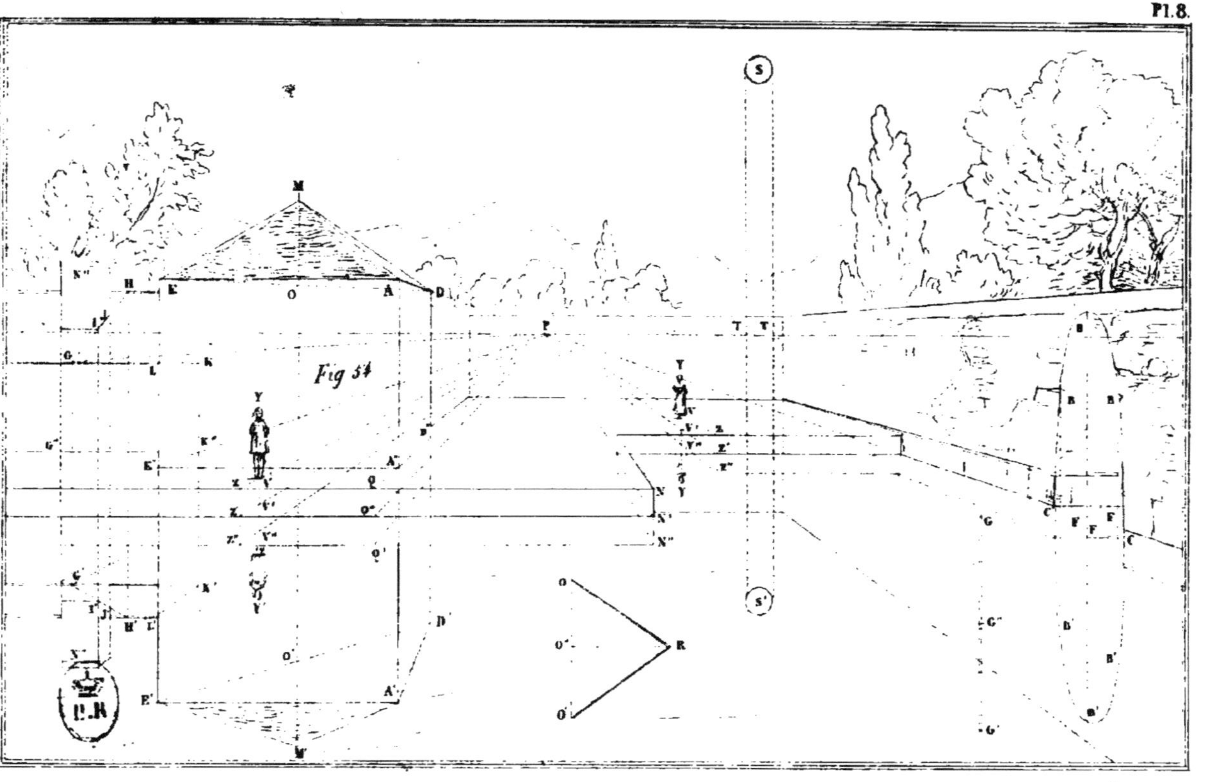

Fig 54

Pour déterminer la réflexion d'une ligne droite qui est inclinée à la surface de l'eau.

Soit R O la ligne donnée; du point O abaisser une verticale, et de R, base de la ligne donnée, mener une horizontale, ce qui donne le point O''. Cherchant, comme il vient d'être dit, la réflexion de la verticale O O'', on obtient le point O' pour réflexion du point O. Joindre O' O'' par une droite qui est le mirage de la ligne donnée.

Règle générale. Toutes les fois que l'on veut réfléchir une ligne verticale, il faut simplement la prolonger; mais pour réfléchir une ligne inclinée, il faut de son sommet abaisser une verticale jusqu'à la surface de l'eau, puis obtenir la réflexion de cette verticale qui donne le mirage du sommet de la ligne donnée, etc.

Pour déterminer la réflexion d'une tour carrée surmontée d'un toit en pyramide.

Des points D'', A'', E'', abaisser des verticales indéfinies; du point P et par le point A'' faire passer une ligne qui donne le point Q; de ce point abaisser une verticale jusqu'au niveau de l'eau, ce qui donne Q'; de ce point mener une ligne au point P, elle donne le point R, à la rencontre de la verticale abaissée de A''; prendre la grandeur RA et la reporter de R en A'; du point A' mener une horizontale A'E', et mener une ligne au point P; elle donne D' et termine la réflexion de la tour.

Pour la réflexion du toit.

Du point M sommet abaisser une verticale indéfinie, mener les lignes ED, E'D', ce qui donne les points OO'; prendre la grandeur OM et la reporter de O' en M'; mener les lignes M'E', M'A', etc.

Pour déterminer la réflexion d'un toit et d'une cheminée placée dessus.

Du point E'' mener une ligne au point P, et prolonger la ligne G''K'', ce qui donne le point K''; de ce point élever une verticale, et prolonger GK, ce qui donne le point K; du point P, et par ce point faire passer une ligne, elle donne L; prendre la grandeur EL, et la reporter de E' en L'; de K abaisser une verticale, et de L' mener une ligne en P, ce qui donne K'; de ce point mener une horizontale K′G′, elle est la réflexion de KG; ensuite prolonger la ligne IJ, elle donne les points G H; du point G mener une ligne au point P, et de H abaisser une verticale indéfinie, ce qui donne X; de G′ mener une ligne en P, sa rencontre avec la verticale abaissée de X donne X′; prendre la grandeur XH, et la reporter de X′ en H′; des points I J abaisser des verticales, elle donne les points I′ J′; reporter IN″ de I′ en N‴.

Pour déterminer la réflexion d'un demi-cercle fuyant.

Prendre à volonté sur le demi-cercle donné un point B, de ce point abaisser une verticale indéfinie, joindre C′C, prendre la grandeur FB et la reporter de F en B′; le point B′ est la réflexion de B; obtenir de même plusieurs points pour faire passer la réflexion.

Pour déterminer la réflexion d'une figure humaine.

Cette figure est placée au point V; du point P et par ce point mener une ligne, qui donne Z; de ce point abaisser une verticale, elle donne Z′ au niveau de l'eau; de ce point mener une ligne au point P, et de V abaisser une verticale, ce qui donne V′; prendre la grandeur V′ Y et la reporter de V′ en Y′; au point Y′ est la réflexion du sommet de la tête de la figure, etc.

Remarque. Tous les objets terrestres se réfléchissent de la même manière. Il faut premièrement trouver le niveau de l'eau pour chacun de ces objets; ensuite on réfléchit la hauteur du terrain, puis la hauteur des objets, ayant bien soin que chaque point se réfléchisse verticalement.

Pour déterminer la réflexion du soleil ou de la lune.

Du centre de cet astre abaisser une verticale indéfinie; prendre la distance de l'astre à l'horizon, et reporter cette grandeur au-dessous de l'horizon; ainsi prendre la grandeur TS, et la reporter de T en S′.

Donc, les objets célestes se réfléchisent à partir de l'horizon, et tous les objets terrestres à partir du point de la surface des l'eau sur lequel ou au-dessus duquel ils sont verticalement placés.

FIN.

TABLE.

Des instruments à employer pour tracer la perspective des objets. Page 4

Géométrie.

Définition. Du point........... 6
Des lignes............ 6
Des angles............ 6
Des surfaces............. 7
Du cercle............. 8
Des corps solides............. 8

De la perspective.

Définition............. 13
Du point de fuite principal............. 14
De la distance et du point de distance.. 21
Des fractions de la distance............. 25
Pour trouver la distance ou une fraction de cette distance... 24-25-33-38
De la distance reportée sur la verticale principale............. 33
Des points accidentels............. 16-32-33

Des lignes.

De l'horizon, sa définition............. 13
L'horizon sert à déterminer la hauteur des divers objets qui entrent
    dans la composition............. 16
Des lignes horizontales............. 14
Des lignes parallèles fuyantes.. 14
Pour mener des parallèles............. 9
Pour diviser une ligne en deux parties égales............. 9
Pour diviser une ligne en un nombre quelconque de parties égales... 19
Pour déterminer sur une ligne une profondeur quelconque......... 24
Pour mesurer une ligne............. 25
Pour faire tendre des lignes à un point de fuite hors le tableau.   32-34-35
Pour élever et abaisser des perpendiculaires............. 9

Des angles.

Pour former un angle droit............. 14-15-32-33
Pour faire un angle égal à un donné............. 10
Pour diviser un angle en deux angles égaux............. 10

Du triangle.

Pour construire un triangle équilatéral............. 10

Du carré.

Par un point donné, construire un carré............. 32

Pour déterminer un carré sur une ligne donnée.............. 10-23-26
Pour mettre un carré en perspective, une ligne étant déterminée ainsi
     que la direction d'une seconde qui fait angle droit avec........... 33
Pour inscrire ou circonscrire des carrés l'un à l'autre.............. 26
Pour construire un parquet de dalles carrées.... 26

Des rectangles.

Pour construire un rectangle.......... 10
Pour construire un tableau en proportion avec un donné........... 11
Pour placer une porte au milieu d'un mur....................... 30
Trouver un rectangle semblable et égal à un donné................ 30
Pour construire des escaliers................................. 20-21
Pour placer des arbres à égale distance.......................... 19

Des toits et plans inclinés.

Des toits et plans inclinés................... 30-31
Pour placer des édifices sur un terrain incliné montant ou descendant. 31

Du cercle et du demi-cercle.

Pour construire une suite de demi-cercles vus de front............ 35
Pour construire un demi-cercle fuyant.......................... 36
Pour construire un cercle fuyant............... 37
Pour trouver le centre d'un cercle ou arc de cercle................ 11
Pour mener une tangente et trouver le point de contact............ 12
Pour tracer une tour ronde.................................... 37
Pour construire une ellipse.................................... 12

Héxagone.

Pour construire un hexagone... 11

Des figures humaines.

Pour déterminer la grandeur apparente des figures humaines placées
     aux différents plans d'un tableau........................ 15-16
Pour dessiner d'après nature les figures humaines................. 18

Pour dessiner d'après nature.

Méthode générale pour dessiner d'après nature, ou moyen manuel ser-
     vant à obtenir les largeur, profondeur, et hauteur des objets que l'on
     veut représenter....................................... 27
Pour obtenir manuellement la représentation des lignes fuyantes, des
     lignes inclinées ou obliques................................ 28

De la lumière et des ombres.

Définition et principes........ 38
Le soleil étant de côté ou dans le plan du tableau 40
Le soleil étant devant le spectateur............................ 41
Le soleil étant derrière le spectateur.... 44
Des ombres portées par les lumières artificielles.................. 46
Trouver l'ombre portée par une figure humaine.................. 40

Trouver l'ombre portée par un mur...................... 40-43-45
Trouver l'ombre portée par une planche...................... 47-48
Trouver l'ombre portée d'une ligne ou d'un bâton..... 41-42-44-45-46-47
Trouver l'ombre portée par un fronton...................... 41

De la valeur des ombres et reflets.

Principes...................................... 48

Mirage ou répétition des objets sur les eaux calmes.

Principes...................................... 50
Pour déterminer la réflexion perspective d'une ligne............ 50-51
Pour déterminer la réflexion de fabriques et de leur toit........... 51
D'une cheminée.................................... 51
Pour déterminer la réflexion d'un demi-cercle fuyant............. 52
Pour déterminer la réflexion d'une figure humaine................ 52
Pour déterminer la réflexion du soleil ou de la lune............. 52

FIN DE LA TABLE.

MÉTHODE THÉNOT

OUVRAGE ÉLÉMENTAIRE ET RAISONNÉ

DEVANT FACILITER ET PROPAGER L'ENSEIGNEMENT
DANS TOUTES LES CLASSES.

———

Ayant amélioré l'étude de la perspective et perfectionné sa pratique, j'ai recherché pourquoi toutes les personnes qui veulent apprendre à dessiner, même lorsqu'elles sont douées de dispositions, éprouvent de grandes difficultés, et sont forcées de sacrifier beaucoup de temps avant de parvenir à être ce que l'on nomme un *bon dessinateur*, et encore ne savent-elles retracer qu'un seul genre, figure, paysage ou ornement, etc.

Cependant le dessin consiste à *savoir saisir à la vue la forme et l'étendue de tous les objets qui s'offrent devant nous et par des moyens manuels simples à en reproduire une image fidèle.*

C'est que, de toutes les méthodes suivies jusqu'à ce jour, aucune n'apprend à raisonner la direction ou la forme apparente de ce que l'on trace; que le *dessin se démontre comme l'on apprend un air à un oiseau*, c'est-à-dire par l'habitude de répéter souvent et long-temps la même chose, et non d'après des principes basés sur des règles fixes; que cependant, dans ce cas seulement, l'intelligence guidée par le savoir peut faire de rapides progrès, et représenter avec certitude les diverses apparences sous lesquelles tous les corps nous apparaissent.

Convaincu de cette vérité, j'ai créé une méthode générale de dessin morphographique qui doit servir d'introduction à tous les différents genres de dessin, soit artistique ou industriel; car il démontre par des règles fixes *les variations de l'apparence de la forme des lignes, des surfaces et des corps, suivant leur position par rapport à l'œil du dessinateur.* Quelques opérations extrêmement simples servent à vérifier l'exactitude du résultat. *La forme des ombres, la manière de trouver leur juste limite, la valeur approximative de leur intensité, ainsi que celle de leur reflet,* forment le complément de cet ouvrage.

Le but que je me suis proposé sera atteint si j'ai réussi à rendre plus générale cette conviction, qu'il n'est pas plus difficile et qu'il est aussi indispensable d'apprendre à dessiner que d'apprendre à lire et à écrire; que l'un et l'autre de ces arts sont destinés à servir tous les jours aux besoins les plus fréquents de la vie.

THÉNOT.

Voir à la première feuille de cet ouvrage : Cours de dessin morphographique et morphographie.